U0330617

高校城市规划专业指导委员会规划推荐教材

城市规划中的计算机辅助设计

庞磊　钮心毅　骆天庆　宋小冬　编著

中国建筑工业出版社

图书在版编目(CIP)数据

城市规划中的计算机辅助设计/庞磊等编著. —北京:中国建筑工业出版社,2007
高校城市规划专业指导委员会规划推荐教材
ISBN 978-7-112-09259-8

Ⅰ.城... Ⅱ.庞... Ⅲ.城市规划-计算机辅助设计-高等学校-教材 Ⅳ.TU984-39

中国版本图书馆CIP数据核字(2007)第056728号

高校城市规划专业指导委员会规划推荐教材

城市规划中的计算机辅助设计

庞磊　钮心毅　骆天庆　宋小冬　编著

*

中国建筑工业出版社出版、发行(北京西郊百万庄)
各地新华书店、建筑书店经销
北京嘉泰利德公司制版
廊坊市海涛印刷有限公司印刷

*

开本:787×1092毫米　1/16　印张:12½　字数:304千字
2007年10月第一版　2018年8月第六次印刷
定价:**30.00**元
ISBN 978-7-112-09259-8
(15923)

本书以AutoCAD软件为基本平台（涉及Autodesk Map和Civil 3D），结合其他软件（如Photoshop、3dsMax、SketchUp），系统介绍城市规划中计算机辅助设计的基本知识、技能和方法。充分发挥各类软件的专长，不同软件的整合，帮助规划设计人员合理、合适地使用计算机，提高规划设计的工作效率、设计成果质量。当然，也为在校学生、教师提供教和学的有序途径，使学生在校就能快速将CAD技术和规划设计的常规业务紧密结合起来。

本书以居住小区规划、环境设计、土地使用规划、土地开发控制、建筑形态概要设计为主线，涉及修建性规划的常规平面布置、环境布置、坡度分析和土方计算、地块边界输入和差错检验、控制指标注记和汇总、三维草图设计、建筑形态快速生成等日常工作中涉及量较大的业务，并且对VBA（Visual Basic for Application）的使用做了初步介绍。

本书以实例为参照、深入浅出、循序渐进，主要针对城市规划专业本科教学，和设计类课程紧密结合。只要初学者具备CAD粗浅知识，就可阅读、参考、使用本书。本书可作为高等院校城市规划、风景园林景观学和建筑学等专业计算机辅助设计课程的教材，也可作为在职规划设计人员提高计算机应用技能的参考书。

＊　　＊　　＊

责任编辑：杨　虹
责任设计：董建平
责任校对：刘　钰　孟　楠

前　言

在中国，城市规划中的计算机辅助设计已有 20 多年的历史，该项技术的推广，极大地提高了规划设计工作效率，丰富了设计意图的表达，而且和相邻专业、工程的数字化设计、城市规划的信息化管理，有关领域的定量化分析相互融合。时至今日，一名高校毕业生，若准备从事规划设计工作，初步掌握计算机辅助设计（Computer Aided Design，简称 CAD）已是必备的技能。

本书主要针对城市规划专业本科教学，以规划设计业务量较大的住宅区规划设计、公共空间的景观环境设计、控制性详细规划、城市总体规划为主线，以 AutoCAD 软件为基本平台（涉及 Autodesk Map 和 Civil 3D），结合其他软件（如 Photoshop、3dsMax、SketchUp），利用若干实例，向学生传授常用的计算机操作知识、技能和方法。除了介绍基本概念、专用词汇、常用命令、一般步骤之外，有序安排设计过程、发挥不同软件的长处、设计团队内部合理分工、外部有效合作与配合，也贯穿在教材之中。因为 CAD 不是单纯绘图，必须为设计对象、设计过程服务，使用 CAD 进行设计，其对象可能没有改变，但是设计过程和传统手工绘图有很大区别，因此在校学生应该从技能、方法两方面受到必要的训练。

计算机软件平台往往具有通用性，而且功能越来越丰富，不同的功能如何发挥、取舍，怎样组合，对不同的业务，会有不同要求。此外，"细节决定成败"，某些细节的疏忽，不但会使效率下降，而且会造成设计过程的混乱，使集体性的工作难以开展。运用作者在教学、实践中积累的经验，本教材对上述问题给予特别关注，希望对城市规划专业的在读学生、规划设计岗位上的技术人员，都有参考价值。

各院校的教学计划不同，计算机辅助设计教学的设置可以在本科低年级，也可在高年级，可以单独开课，也可以和设计课程结合。本教材的编写，考虑了多种教学的需要，侧重于本科三年级单独开课，学生已具备规划设计的初步知识。其他院校教师使用本教材时，可能要注意如下问题：

如果是本科低年级教学，应侧重 CAD 的基本操作。到后续的设计类课程中，学生可以自己参考本教材，独立或集体完成某类设计作业。

如果是本科高年级教学，应侧重设计对象、设计过程和计算机操作的关系。

如果是单独开课，除了全面传授技能、方法外，教师应为学生准备合适的练习。

如果是和设计类课程结合，可以让学生把自己的设计作业作为练习的对象。

第一次接触 CAD 的读者，可以通过其他途径，自学一些计算机基础知识、CAD 方面的基本操作技能，大致了解计算机制图与手工制图的区别，再使用本教材。

书的第 1 章是背景、入门的知识，并介绍 AutoCAD 的工作环境和基本概念。

第 2 章为规划设计的前期准备: 地形图的处理。第 3、第 4 章以居住小区规划为例, 介绍修建性详细规划的计算机辅助设计。第 5 章在第 3、第 4 章的基础上, 介绍环境设计。第 6 章介绍场地分析（包括高程、坡度）、土方计算。第 7、8、9 三章针对控制性详细规划、城市总体规划, 以土地使用规划、开发控制为重点。建筑形态、城市空间形态的设计可参考第 11 章, 该章以 SketchUp 为工具, 介绍草图设计。具备计算机编程基础知识的读者可以通过第 10 章, 体验 VBA (Visual Basic for Application) 的初步应用, 在入门的基础上, 进一步通过编程提高设计效率。在使用本书过程中遇到的 AutoCAD 命令, 如需进一步了解, 可查看附录 "AutoCAD 城市规划辅助设计常用命令解释"。

本书也可成为在职规划设计人员的参考书, 帮助他们合理、有效利用软件平台, 加强设计过程的集体配合、协调, 提高工作效率、设计质量。

本书所涉及的城市规划设计规范、技术标准主要有:

· 城市居住区规划设计规范 (GB 50180—93) (2002 年版)
· 城市用地分类与规划建设用地标准 (GBJ 137—90)
· 城市用地分类代码 (CJJ 46—91)
· 城市道路设计规范 (CJJ 37—90)
· 村镇规划标准 (GB 50188—93)
· 总图制图标准 (GB 50103—2001)

有关本书使用的符号说明如下:

· ——表达的内容为并列, 如上面讲到的规范、标准。
◆ ——表示设计或制图的步骤, 根据个人习惯, 前后顺序可以略作调整, 本书反映步骤、过程的内容大部分没有采用数字 "1、2、3……" 的编号。

本书由多位作者合作完成, 第 1 ~ 4、10、11 章: 庞磊, 第 5、6 章: 骆天庆, 第 7 ~ 9 章: 钮心毅。庞磊负责统稿, 宋小冬补充, 协助修改、完善。

在编著过程中, 得到同济大学陈秉钊教授的悉心帮助, 顾景文教授、夏南凯教授曾对教学方法提供指导, 杨贵庆副教授提供居住区规划的部分实例, 刘婧、付可伊、宋代军等为本书的编排做了大量工作。在此一并致谢。

计算机软件发展迅速, 作者尽量做到与时俱进, 但精力有限, 未免有疏忽、不当, 在本书使用过程中如有疑问和建议, 欢迎来信。

编 者

2006 年 12 月

目　录

1 背景与AutoCAD基础

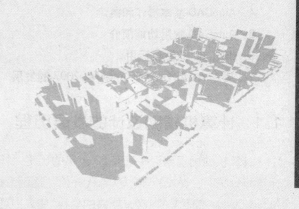

本章首先简单回顾计算机辅助设计技术发展的历程，介绍当前计算机技术在城市规划设计中的应用。针对初学者，对 AutoCAD 的界面、基本概念和绘图操作进行详细阐述，并简介 AutoCAD 软件的常用功能。

本章重点

1．计算机辅助设计的历史与发展趋势
2．城市规划与计算机辅助设计
3．AutoCAD2007 的界面特点
4．AutoCAD 基本操作和概念
5．AutoCAD 常用功能简介
6．Civil 3D 的主要运用
7．从 AutoCAD14.0 到 AutoCAD2007 的发展

1.1 计算机辅助设计的发展历程

计算机的出现到现在已有 60 余年的历史（1946 年研制出世界上第一台电子计算机 ENIAC）。从 20 世纪 60 年代开始，逐渐形成了计算机辅助设计（Computer Aided Design，简称CAD）这一新兴的学科，使人们可以用计算机处理图形这类数据，图形数据的标志之一就是图形元素有明确的位置坐标。

随着计算机应用的不断推广，CAD 技术已深入应用于城市规划领域。目前计算机已不再只是一种单纯的高效率出图工具，而是越来越成为人们创造性活动的得力助手。目前市场上比较成熟的 CAD 平台软件是 Autodesk 公司的 AutoCAD 和 Bentley 公司的 MicroStation。

Autodesk 公司始建于 1982 年，Autodesk 提供计算机辅助设计软件，用户遍及 150 多个国家。在数字设计市场，产品的品种和市场占有率方面 Autodesk 具有一定的优势。

Bentley 公司于 1984 年创立，自 1986 年推出 MicroStation 以来，也得到工程界的普遍认可。基于 MicroStation 的产品相对适合大型设计公司，在协同设计方面占有一定优势。

1.2 CAD 技术在城市规划设计中的应用概况

当前城市规划设计界广泛应用着 CAD 技术，而计算机图形输入、输出技术的改进和智能化，使规划师更方便地进行设计，而不影响灵感产生。设计过程中可以采用遥感、航空摄影图像直接作为背景。各种地下管线资料由于数据库的建立而更加方便获得和查询。三维建模、动态显示等促进了虚拟现实技术的发展和实用化，使得设计成果更加形象、直观和便于交流，为规划方案编制的公众参与提供技术支持。

规划设计成果的数字化，为规划方案的定量分析、模拟和预测带来便利，促进规划决策的科学化。随着互联网的发展，分布在各地的规划设计专业人员合作设计也将成为可能，这样可以构建一个不受规划师具体空间位置制约的协同设计虚拟工作组。

进入 21 世纪，信息化的目标不再仅仅针对传统产业的改造，而更多地着眼于通过信息、知识和技术带来的社会资源共享、整合与重组。城市规划中的 CAD 向信息资源共享迈进，设计过程和城市规划管理结合，从而推动社会的信息化进程。

1.3 运用计算机辅助城市规划设计与传统设计、表现方式比较

计算机辅助城市规划设计技术的应用，为规划设计提供了一种新的手段，使规划设计人员从以往枯燥繁杂的手工计算和绘图、描图中解脱出来，把主要精力投入到优化方案中，提高设计质量。CAD 技术也使得设计图的修改变得容易。

但是徒手表现和草图设计依然是规划设计者的基本能力要求。计算机仅仅是提供一种辅助设计的手段，CAD 技术不可能替代设计师的灵感、创作，也不可能替代设计行为本身。

表现是手段，构思和方法才是关键。好的设计方案通过设计表现和计算机表达得以强化和提升，有缺陷的方案却通过计算机表现掩饰了不足，甚至还可能欺骗决策者和公众。

1.4 AutoCAD2007 的界面

本教材以 AutoCAD2007 为基本平台。

打开 AutoCAD2007 程序后，系统提示是否进入三维建模，还是经典模式的界面。图 1-1 为经典模式的界面。在 AutoCAD 中可以使用若干工具栏、菜单、快捷菜单，或直接输入命令来访问常用的命令、设置和模式。

1.4.1 工具栏

工具栏以图标形式出现，鼠标单击按钮就可执行对应的操作，工具栏的形式可分为固定工具栏、浮动工具栏和嵌套（下拉式）工具栏三种。

在工具栏界面的灰色部分单击鼠标右键，在工具栏菜单项左边有"√"的表示已经打开的工具栏。可以根据需要，在需要打开的工具栏上单击（图1-2）。

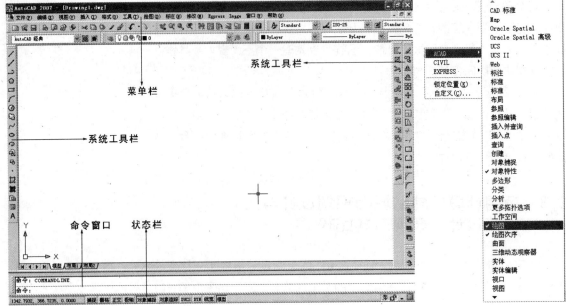

图1-1　AutoCAD2007的界面（经典模式）　　　　　　　　　　　　图1-2　工具栏

1.4.2　菜单栏

　　和其他应用软件一样，为了方便使用和查询，将一组相关的命令或选项归纳为一个下拉列表，即下拉式菜单。AutoCAD2007 中文版的菜单（经典模式）包括【文件】、【编辑】、【视图】、【插入】、【格式】、【Express】等12 项。

1.4.3　快捷菜单

　　一般情况下，快捷菜单靠鼠标右键点击驱动，通常包含以下选项

- 重复执行刚输入的上一个命令
- 取消当前命令
- 显示用户最近输入的命令的列表
- 剪切、复制以及从剪贴板粘贴
- 选择其他命令选项
- 显示对话框，例如 "选项" 或 "自定义"
- 放弃刚输入的上一个命令

⚠ 注意：

　　★ 选用菜单【工具】/【选项】/【用户系统配置】，可以打开或关闭 "绘图区域中使用快捷菜单" 选项。为提高速度，可以将单击鼠标右键行为自定义为计时的。在【用户系统配置】对话框中点击 "自定义右键单击" 按钮打开对话框进行设置，使快速单击鼠标右键与按键盘 ENTER 键的作用相同，而长时间单击鼠标右键则显示快捷菜单。

1.4.4 输入命令

可以使用键盘输入命令。要使用键盘输入命令，在命令行中输入命令名称，然后按 ENTER 键或空格键。大部分命令还有缩写名称。例如，除了通过输入 line 来启动 LINE 命令之外，还可以输入 l。缩写的命令名被称为命令别名，并在 acad.pgp 文件中定义。如果启用了"动态输入"并设置为显示动态提示，用户则可以在光标附近的工具栏提示中输入多个命令。

1.4.5 "透明的方式"使用命令

许多命令可以透明使用，即在使用另一个命令时，可以在命令行中输入这些命令。透明命令经常用于更改图形设置或显示选项，例如 GRID 或 ZOOM 命令。透明命令通过在命令名的前面加一个单引号来表示。

要以透明的方式使用命令，请单击其工具栏按钮或在任何提示下输入命令之前输入单引号（'）。在命令行中，双尖括号（>>）置于命令前，提示显示透明命令。完成透明命令后，将恢复执行原命令。在下例中，在绘制直线时打开点栅格并将其设置为一个单位间隔，然后继续绘制直线。

命令：line

指定第一点：'grid

>> 指定栅格间距（X）或［开（ON）／关（OFF）／捕捉（S）／纵横向间距（A）］<0.000>：1

正在恢复执行 LINE 命令

指定第一点：

⚠ **注意：**

★ 建议尽量两个手分工协同操作，一个手输入简写的命令，另一个手配合使用鼠标进行操作。采用这种两个手配合的方法绘图，其速度比仅通过一个手用工具栏和菜单栏输入都要快很多。

1.5 AutoCAD 基本操作

1.5.1 创建图形

（1）使用"创建图形"对话框从头创建图形的步骤

◆ 如有必要，将 STARTUP 系统变量设置为 1，将 FILEDIA 系统变量设置为 1。在命令行上，输入 startup 和 1，然后输入 filedia 和 1。

◆ 选用菜单【文件】／【新建】。

◆ 在"创建新图形"对话框中单击"从头开始创建图形"。

◆ 在"默认设置"下，单击"英制"或"公制"（中国一般使用公制）。

新图形命名为 drawing1.dwg。默认图形名随开始新图形的数目而变化。例如，如果开始另一图形，默认的图形名将为 drawing2.dwg。

(2) 使用向导创建新图形的步骤

◆ 如有必要,将 STARTUP 系统变量设置为 1,将 FILEDIA 系统变量设置为 1。

◆ 选用菜单【文件】/【新建】。

◆ 在"创建新图形"对话框中单击"使用向导"。

◆ 单击"快速设置"或"高级设置"。

◆ 使用"下一步"和"上一步"按钮完成向导的每一页设置。

◆ 在最后一页上单击"完成"。

(3) 选择样板文件创建图形的步骤

◆ 选用菜单【文件】/【新建】。

◆ 在"选择样板"对话框中,从列表中选择一个样板。

◆ 单击"打开"。

将打开名为 drawing1.dwg 的图形。默认图形名随打开新图形的数目而变化。例如,如果从样板打开另一图形,默认的图形名将为 drawing2.dwg。

AutoCAD 中为用户提供了风格多样的样板文件,这些文件都保存在 AutoCAD 主文件夹的"Template"子文件夹中。除了使用 AutoCAD 提供的样板,也可以创建自定义样板文件,任何现有图形都可作为样板。

城市规划制图中如果使用样板来创建新的图形,则新的图形继承了样板中的所有设置。这样就避免了大量的重复设置工作,而且也可以保证同一项目中所有图形文件的统一和标准。新的图形文件与所用的样板文件是相对独立的,因此新图形中的修改不会影响样板文件。

如果不想使用样板文件创建一个新图形,请单击"打开"按钮旁边的箭头。选择列表中"无样板打开"选项。

1.5.2 图形的打开与保存

(1) 打开图形的步骤

◆ 选用菜单【文件】/【打开】。

也可以点击标准工具栏▨,或命令输入"OPEN"。

◆ 在"选择文件"对话框中,选择一个或多个文件,单击"打开"。

通过对话框左边的图标可以快速访问经常使用的文件和文件位置。若要对图标重新排序,可将其拖动到新位置。若要添加、修改或删除图标,可在图标上单击鼠标右键,以显示快捷菜单。

(2) 保存图形的步骤

◆ 选用菜单【文件】/【保存】。

也可以点击标准工具栏▨,或命令输入"SAVE"。

如果以前保存并命名了图形,则所做的任何更改都将进行保存并重新显示命令提示。 如果是第一次保存图形,则显示"图形另存为"对话框。

◆ 在"图形另存为"对话框中的"文件名"下,输入新建图形的名称(不需要扩展名)。单击"保存"。

1.6 AutoCAD 若干基本概念

1.6.1 对象特性

绘制的每个对象都具有特性。有些特性是基本特性,适用于多数对象。例如图层、颜色、线型和打印样式。有些特性是专用于某个对象的特性。例如,圆的特性包括半径和面积,直线的特性包括长度和角度。

多数基本特性可以通过图层指定给对象,也可以直接指定给对象。

• 如果特性值设置为"随层",则将为对象与其所在的图层指定相同的值。

例如,如果为在图层"0"上绘制的直线指定颜色"随层",并将图层"0"指定为"红",则该直线的颜色将为红。

• 如果将特性设置为一个特定值,则该值将替代图层中设置的值。

例如,如果将图层"0"上的某条直线设置为"蓝色",图层"0"设置为"红色",则该直线的颜色为蓝色。

1.6.2 图层

图层用于按功能在图形中组织信息以及执行线型、颜色及其他标准。

图层相当于图纸绘图中使用的重叠图纸。图层是图形中使用的主要组织工具。可以使用图层将信息按功能编组,以及执行线型、颜色及其他标准。

通过创建图层,可以将类型相似的对象指定给同一个图层使其相关联。例如,可以将构造线、文字、标注和标题栏置于不同的图层上。然后可以控制:

• 图层上的对象是否在任何视口中都可见
• 是否打印对象以及如何打印对象
• 为图层上的所有对象指定某种颜色
• 为图层上的所有对象指定某种线型和线宽
• 图层上的对象是否可以修改

每个图形都包括名为"0"的图层,不能删除或重命名图层"0"。该图层有两个用途:

• 确保每个图形至少有一个图层
• 提供与块中的控制颜色相关的特殊图层

1.6.3 块

可以使用若干种方法创建块:

• 合并对象以在当前图形中创建块定义
• 使用块编辑器向当前图形中的块定义中添加动态行为

- 创建一个图形文件，随后将它作为块插入到其他图形中
- 使用若干种相关块定义创建一个图形文件以用作块库

块可以是绘制在几个图层上的不同颜色、线型和线宽特性的对象的组合。尽管块总是在当前图层上，但块参照保存了有关包含在该块中的对象的原图层、颜色和线型特性的信息。可以控制块中的对象是保留其原特性还是继承当前的图层、颜色、线型或线宽设置。

块定义还可以包含用于向块中添加动态行为的元素。可以在块编辑器中将这些元素添加到块中。如果向块中添加了动态行为，也就为几何图形增添了灵活性和智能性。如果在图形中插入带有动态行为的块参照，就可以通过自定义夹点或自定义特性（这取决于块的定义方式）来操作该块参照中的几何图形。

关于块，这里先作一下简单的介绍，块的使用还将在后面章节的例子中进一步加以说明。

1.6.4 世界坐标系和用户坐标系

AutoCAD 中有两个坐标系：一个是被称为世界坐标系（WCS）的固定坐标系，一个是被称为用户坐标系（UCS）的可移动坐标系。 默认情况下，这两个坐标系在新图形中是重合的。

通常在二维视图中，WCS 的 X 轴水平，Y 轴垂直。WCS 的原点为 X 轴和 Y 轴的交点 (0,0)。图形文件中的所有对象均由其 WCS 坐标定义。但是，使用可移动的 UCS 创建和编辑对象通常更方便。

以下进一步说明如何使用用户坐标系：

所有坐标输入以及其他许多工具和操作，均参照当前的 UCS。基于 UCS 位置和方向的二维工具和操作包括：

- 绝对坐标输入和相对坐标输入
- 绝对参照角
- 正交模式、极轴追踪、对象捕捉追踪、栅格显示和栅格捕捉的水平和垂直定义
- 水平标注和垂直标注的方向
- 文字对象的方向
- 使用 PLAN 命令查看旋转
  可以使用以下方法重新定位用户坐标系：
- 通过定义新原点移动 UCS
- 将 UCS 与现有对象对齐
- 通过指定新原点和新 X 轴上的一点旋转 UCS
- 将当前 UCS 绕 Z 轴旋转指定的角度
- 恢复到上一个 UCS
- 恢复 UCS 以与 WCS 重合

每种方法均在 UCS 命令中有相对应的选项。 一旦定义了 UCS，则可以为其

命名并在需要再次使用时恢复。

1.7 配置自己的 AutoCAD2007 绘图环境

在绘制图形前，需要设置一下自己的绘图环境。它分为绘图单位设置和坐标系统设置。

1.7.1 绘图单位设置

启动 AutoCAD2007，此时将自动创建一个新文件，打开【格式】菜单，选择"单位"命令，系统将打开"图形单位"对话框。可通过"长度"组合框中的"类型"下拉列表选择单位格式，其中，选择"工程"和"建筑"的单位将采用英制。一般，建筑图默认的图形单位为"毫米"，规划图默认的图形单位为"米"。单击"精度"下拉列表，您可选择绘图精度。在"角度"组合框的"类型"下拉列表中可以选择角度的单位。可供选择的角度单位有："十进制度数"、"度／分／秒"、"弧度"等。同样，单击"精度"下拉列表可选择角度精度。"顺时针"复选框可以确定是否以顺时针方式测量角度。如图1-3所示。

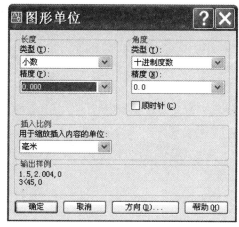

图1-3　图形单位设置

1.7.2 图形界限

图形界限是 AutoCAD 绘图空间中的一个假想的矩形绘图区域，相当于用户选择的图纸大小。设置绘图单位后，打开【格式】菜单，选择"图形界限"命令。命令行将提示您指定左下角点，或选择开、关选择。其中"开"表示打开图形界限检查。当界限检查打开时，AutoCAD 将会拒绝输入位于图形界限外部的点。图形界限的默认设置是"关"，表示关闭图形界限检查，可以在界限之外绘图。

一般城市规划制图无需打开图形界限功能。推荐保留图形界限状态为"关"的默认设置，使用图框作为绘图的限制，这样更为直观。

1.7.3 使用对象捕捉

对象捕捉是 AutoCAD 中最为重要的工具之一，使用对象捕捉可以精确定位，使用户在绘图过程中可直接利用光标来准确地确定目标点，如圆心、端点、垂足等等。

在 AutoCAD 中，用户可随时通过如下方式进行对象捕捉模式：

(1) 使用"对象捕捉"工具条（图1-4）。

(2) 按 Shift 键的同时单击右键，弹出快捷菜单（图1-4）。

(3) 在命令中输入相应的缩写。

图1-4 对象捕捉工具栏和快捷菜单

⚠️ **注意：**

★ 为提高速度，平时制图常用（1）和（2）。

下面分别介绍各种捕捉类型：

(1)"端点"：缩写为"END"，用来捕捉对象（如圆弧或直线等）的端点。

(2)"中点"：缩写为"MID"，用来捕捉对象的中间点（等分点）。

(3)"交点"：缩写为"INT"，用来捕捉两个对象的交点。

(4)"外观交点"：缩写为"APP"，用来捕捉两个对象延长或投影后的交点。即两个对象没有直接相交时，系统可自动计算其延长后的交点，或者空间异面直线在投影方向上的交点。

(5)"延长线"：缩写为"EXT"，用来捕捉某个对象及其延长路径上的一点。在这种捕捉方式下，将光标移到某条直线或圆弧上时，将沿直线或圆弧路径方向上显示一条虚线，用户可在此虚线上选择一点。

(6)"圆心"：缩写为"CEN"，用于捕捉圆或圆弧的圆心。

(7)"象限点"：缩写为"QUA"，用于捕捉圆或圆弧上的象限点。象限点是圆上在0°、90°、180°和270°方向上的点。

(8)"切点"：缩写为"TAN"，用于捕捉对象之间相切的点。

(9)"垂足"：缩写为" PER"，用于捕捉某指定点到另一个对象的垂点。

(10)"平行线"：缩写为"PAR"，用于捕捉与指定直线平行方向上的一点。创建直线并确定第一个端点后，可在此捕捉方式下将光标移到一条已有的直线对象上，该对象上将显示平行捕捉标记，然后移动光标到指定位置，屏幕上将显示一条与原直线相平行的虚线，用户可在此虚线上选择一点。

(11)"节点"：缩写为"NOD"，用于捕捉点对象。

(12)"插入点"：缩写为"INS"，捕捉到块、形、文字、属性或属性定义等对象的插入点。

（13）"最近点"：缩写为"NEA"，用于捕捉对象上距指定点最近的一点。

（14）"无"：缩写为"NON"，不使用对象捕捉。

（15）"起点"：缩写为"FRO"，可与其他捕捉方式配合使用，用于指定捕捉的基点。

（16）"临时追踪点"：缩写为"TT"，可通过指定的基点进行极轴追踪。

1.7.4　构造选择集

AutoCAD 必须先选中对象，才能对它进行处理，这些被选中的对象被称为选择集。在许多命令执行过程中都会出现"选择对象"的提示。在该提示下，一个称为选择靶框（Pickbox）的小框将代替图形光标上的十字线，此时，用户可以使用多种选择模式来构建选择集。下面通过"select"命令来了解各种选择模式的使用。

在命令行中输入"select"，系统将提示用户：

选择对象：

用户可在此提示下输入"?"，系统将显示所有可用的选择模式：

需要点或窗口（W）／上一个（L）／窗交（C）／框（BOX）／全部（ALL）／栏选（F）／圈围（WP）／圈交（CP）／编组（G）／添加（A）／删除（R）／多个（M）／前一个（P）／放弃（U）／自动（AU）／单个（SI）

其中各种选择模式说明如下：

（1）"需要点或窗口"模式：在该模式下，用户可使用光标在屏幕上指定两个点来定义一个矩形窗口。如果某些可见对象完全包含在该窗口之中，则这些对象将被选中。

⚠️ **注意：**

★ 选择矩形（由两点定义）中的所有对象，从左到右指定角点为创建"窗口"选择，从右到左指定角点则创建"窗交"选择，详见"窗交"模式。

（2）"上一个"：选择最近一次创建的可见对象。

（3）"窗交"：与"窗口"模式类似，该模式同样需要用户在屏幕上指定两个点来定义一个矩形窗口。不同之处在于，该矩形窗口显示为虚线的形式，完全进入该窗口的对象以及和该窗口部分交叉的对象都将被选中。

（4）"框"："窗口"模式和"窗交"模式的组合，如果用户在屏幕上以从左向右的顺序来定义矩形的角点，则为"模式"模式。反之，则为"窗交"模式。

（5）"全部"：选择非冻结的图层上的所有对象。

（6）"栏选"：在该模式下，用户可指定一系列的点来定义一条任意的折线作为选择栏，并以虚线的形式显示在屏幕上，所有其相交的对象均被选中。

（7）"圈围"：在该模式下，用户可指定一系列的点来定义一个任意形状的多边形，如果某些可见对象完全包含在该多边形之中，则这些对象将被选中。注意，该多边形不能与自身相交或相切。

（8）"圈交"：与"窗交"模式类似，但多边形显示为虚线，往往是不规则多边形，所有可见对象均将被选中，无论是部分或全部位于该多边形中。

（9）"编组"：选择指定组中的全部对象。

（10）"添加"：在该模式下，可以通过任意对象选择方法将选定的对象添加到选择集中。该模式为默认。

（11）"删除"：在该模式下，可以使用任何对象选择方式将对象从当前选择集中删除。

（12）"多个"：指定多次选择而不高亮显示对象，从而加快对复杂对象的选择过程。

（13）"前一个"：选择最近创建的选择集。如果图形中删除对象后将清除该选择集。

（14）"放弃"：放弃选择最近加到选择集中的对象。

（15）"自动"：在该模式下，用户可直接选择某个对象，或使用"框"模式进行选择。该模式为默认。

（16）"单个"：在该模式下，用户可选择指定的一个或一组对象，而不是连续提示进行更多的选择。

⚠ 注意：

★ 在 AutoCAD 中，用户主要使用键盘和鼠标操作，可通过命令行、菜单和工具栏等方式来调用 AutoCAD 命令。在命令执行过程中，则主要通过文本窗口和对话框来实现人机交互。

1.7.5 草图设置

AutoCAD 为用户提供了多种绘图的辅助工具，如栅格、捕捉、正交、极轴追踪和对象捕捉等，这些辅助工具类似于城市规划设计中手工绘图时使用的方格纸、三角板，可以更容易、更准确地创建和修改图形对象。用户可通过"草图设置"对话框，对这些辅助工具进行设置，以便在绘图时默认地使用这些工具来绘图。

以下通过一个实例来说明如何进行初始的草图设置：

（1）使用捕捉（基于栅格）和栅格

步骤 1 打开 AutoCAD 2007，创建图形文件"Drawing1.dwg"（第一次打开时默认的文件名）；

步骤 2 设置捕捉和栅格

◆ 选择菜单【工具】／【草图设置】，弹出"草图设置"对话框，并选择"捕捉和栅格"选项卡，如图 1-5 所示。

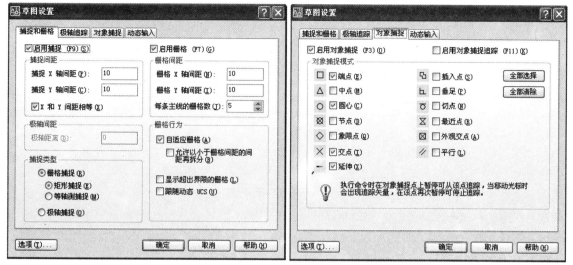

图1-5 "捕捉和栅格"设置 　　　　图1-6 对象捕捉设置

◆ 分别选中"启用捕捉"和"启用栅格"开关，打开捕捉和栅格模式，并按图 1-5 所示内容进行设置，然后按 **确定** 键确认。

◆ 现在屏幕上出现了一个点的阵列，也就是栅格；当用户移动光标时会发现，光标只能停在其附近的栅格点上，而且可以精确地选择这些栅格点，但却无法选择栅格点以外的地方，这个功能称为捕捉。现在就利用这两个功能来快速准确地绘图。在以下的绘制过程中，用户无需在命令行中输入点坐标，而可以直接利用鼠标准确地捕捉到目标点。

（2） 对象捕捉

由于在绘图中需要频繁地使用对象捕捉功能，因此 AutoCAD 中允许用户将某些对象捕捉方式默认设置为打开状态，这样当光标接近捕捉点时，系统会产生自动捕捉标记、捕捉提示和磁吸供用户使用。

在"草图设置"对话框的"对象捕捉"选项卡中可以看到各种对象捕捉模式，如图 1-6 所示。

图中被选中的对象捕捉模式将会在绘图中默认使用。用户可以单击"全部选择"按钮选中全部捕捉模式，或单击"全部清除"按钮取消所有已选中的捕捉模式。

打开或关闭对象捕捉的方式包括：

• 在状态栏上使用"对象捕捉"按钮

• 使用功能键 F3 进行切换

• 在状态栏中"对象捕捉"按钮上利用鼠标右键使用快捷菜单

• 在"草图设置"对话框中设置

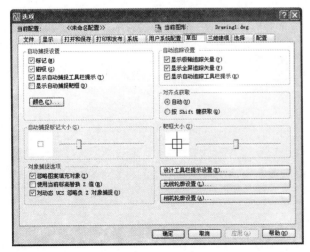

注意：

★ 建议尽量只打开几个常用的捕捉模式，如端点、中点、交点等。如果打开的捕捉模式过多，则图形较复杂时会彼此有较大的干扰，反而影响制图进程。

(3) 正交

类似平时手工作图时使用丁字尺，正交模式用于约束光标在水平或垂直方向上的移动。如果打开正交模式，则使用光标所确定的相邻两点的连线必须垂直或平行于坐标轴。因此，如果要绘制的图形完全由水平或垂直的直线组成时，那么使用这种模式将会非常方便。

打开或关闭正交的方式：

- 在状态栏上使用"正交"按钮
- 使用功能键 F8 进行切换
- 在状态栏中"正交"按钮上利用鼠标右键使用快捷菜单
- 在命令行中使用"ortho"命令

注意：

★ 正交模式受当前栅格的旋转角影响，如果在栅格设置中设定了栅格的角度，则正交模式也随栅格的角度进行控制。正交模式并不影响从键盘上输入点。

★ 不能同时打开"极轴追踪"模式和"正交"模式，但可同时关闭或者只打开其中一个模式。

1.7.6 草图设置选项

对于上述各种绘图辅助工具，AutoCAD 可根据草图设置选项进行控制。草图设置包含在"选项"对话框中，用户可选择菜单【工具】／【选项】显示该对话框，如图 1-7 所示。

图1-7 草图设置

1.7.7　图形的显示控制

对于一个较为复杂的图形来说，在观察整幅图形时往往无法对其局部细节进行查看和操作，而当在屏幕上显示一个细部时又看不到其他部分，为解决这类问题，AutoCAD 提供了 ZOOM（缩放）、PAN（平移）、VIEW（视图）、AERIAL VIEW（鸟瞰视图）和 VIEWPORTS（视口）命令等一系列图形显示控制命令，可以用来任意地放大、缩小或移动屏幕上的图形显示，或者同时从不同的角度、不同的部位来显示图形。AutoCAD 还提供了 REDRAW（重画）和 REGEN（重新生成）命令来刷新屏幕、重新生成图形。

⚠ **注意：**

★ 这里所提到的诸如放大、缩小或移动的操作，仅仅是对图形在屏幕上的显示进行控制，图形本身并没有任何改变。

（1）"zoom"命令的调用：

通过工具栏（图 1-8）调用"zoom"命令，将鼠标的光标移到图标上，停在那里不要按图标，若干秒后，会自动显示该图标工具的注释，对于不太熟悉的图标可以通过注释迅速了解该图标工具的功能。

图1-8　与zoom命令相关的工具栏按钮

菜单：【视图】／【缩放】／子菜单，如图 1-9 所示。
命令行：zoom（或别名 z）
快捷菜单：执行"zoom"命令后单击右键

（2）"pan"命令用于在不改变图形的显示大小的情况下通过移动图形来观察当前视图中的不同部分。其调用方法为：

工具栏：使用"标准"工具栏

菜单：【视图】／【平移】／【实时】
命令行：pan（或别名 p）
调用该命令后，AutoCAD 提示如下：
按 Esc 或 Enter 键可以退出实时平移命令，或单击右键显示快捷菜单。

（3）虽然鸟瞰视图是一个与绘图窗口相对独立的窗口，但彼此的操作结果将同时在两个窗口中显示出来。鸟瞰视图为用户提供了一个更为快捷的缩放和平移控制方式，无论屏幕上显示的范围如何，都可以使用户了解图形的整体情况，并可随时查看任意部位的细节。

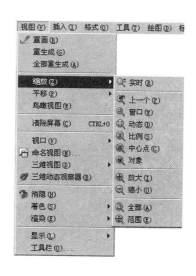

图1-9　zoom菜单命令

鸟瞰视图的调用方法为：

菜单：【视图】／【鸟瞰视图】

命令行：dsviewer（或别名 av）

⚠️ **注意：**

★ "zoom"、"pan"、"dsviewer" 命令均可透明地使用（如何透明地使用命令详见本章 1.4.5）。

1.8 AutoCAD 软件功能的演进

自从 AutoCAD 软件推出以来，截至 2006 年底，已投放市场并广泛使用的 AutoCAD 2007 是 AutoCAD 软件的第 21 个版本，其各方面性能在前面的基础上又得到了进一步提升。

1.8.1 图纸集功能

从 AutoCAD 2005 版本开始，增加了图纸集的功能。

图纸集是几个图形文件中图纸的有序集合。图纸是从图形文件中选定的布局。

对于大多数设计组，图形集（即传统意义上的图纸）是主要的提交对象。图形集用于传达项目的总体设计意图并为该项目提供文档和说明。然而，手动管理图形集的过程较为复杂和费时。

使用图纸集管理器，可以将图形作为图纸集管理。图纸集是一个有序命名集合，其中的图纸来自几个图形文件。图纸是从图形文件中选定的布局。可以从任意图形将布局作为编号图纸输入到图纸集中（图 1—10）。

可以将图纸集作为一个单元进行管理、传递、发布和归档。创建新图纸集的方法：

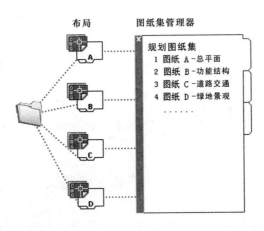

图1—10 图纸集的应用

- 依次单击【文件】／【新建图纸集】
- 点击工具条上▨可进入图纸集管理器

1.8.2 AutoCAD2006 新增加的功能

AutoCAD2006 中可以快速、高效地操作块中的数据，更加友好的交互界面和功能可使设计者更加始终专注于工作,淡化计算机操作和软件本身。

相比此前的版本，AutoCAD2006 有以下主要功能改进：

（1）块功能的改进

• 改进的夹点

运用这些新夹点可以拉伸、翻转、旋转和对齐图块。

• 可见性控制

使用下拉菜单可以选择图块中几何对象的可见性。

• 智能图块

随着图块库的增长，数据会变得难以管理。运用动态块，可以获取单一块上的多个变化，大大减少笨重的图块库，并能在插入期间和之后修改块几何图形。如图 1—11 所示。

（2）动态输入

轻松地使用在几何图形上和图形光标处显示的标注及命令选项。如图 1—12 所示

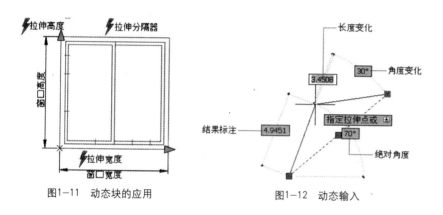

图1-11 动态块的应用　　　　图1-12 动态输入

（3）利用 DWF 格式查看、检查过程

Autodesk DWF Composer 能够改进二维和三维设计检查过程的速度、效率和成本效益。由于 DWF 格式可以保持原始图形的智能设计数据，因此它是与那些不使用 CAD 的团队成员交换数据的一种方法。Autodesk DWF Composer 与 AutoCAD 系列产品完全集成，支持向 AutoCAD 软件来回传递完整的标记、注释和其他修改，而无需重新输入信息。

1.8.3 AutoCAD2007 新增加的功能

AutoCAD 2007 中引入的新概念设计和加强的三维可视化工具可以协助实现设计方案和构想，以便向客户（特别是对不具备技术知识的观众）进行形象的演示。创建实体和曲面的操作十分方便。通过新的 AutoCAD 2007 可视化工具，可以快速打印具有手绘效果的 AutoCAD 设计。如果需要真实照片级图像，可以使用新的材质库和光源系统赋予模型更加真实的外观。甚至可以创建简单的穿越漫游动画。

1.8.4 Autodesk Map 3D、Civil 3D 以及与 AutoCAD 的关系

Autodesk Map 3D 是 AutoCAD 系列软件中的一种实现地理信息系统 (Geographic Information System，简称 GIS) 功能的软件（关于 Map 3D 还要在第 7 章中详细介绍）。Civil 3D 是土木工程软件包，其三维动态工程模型有助于快速完成场地规划设计、道路工程、雨污水排放等工程系统设计，所有曲面、横断面、纵断面、标注等均以动态方式链接。

可以这样认为，Map 3D 构建于 AutoCAD 基础之上，Civil 3D 构建于 Map 3D 基础之上。即 Civil 3D 功能最完善，包含了 Map 3D 和 AutoCAD 的所有功能，Civil 3D 可以操作 Map 3D 和 AutoCAD 的任何文件，Map 3D 可以操作 AutoCAD 的任何文件。但反过来不行，例如，Map 3D 查询命令无法使用 Civil 3D 对象数据（如路线名称或地块编号），图形清理等其他命令无法修剪或延伸 Civil 3D 对象。

1.8.5 Autodesk Civil 3D 的界面

目前 Autodesk 公司每年提供一个新的设计平台软件版本，2007 年初又将推出 AutoCAD 2008，基于这个最基本的设计平台，还开发了 Autodesk Civil 3D。

本书以目前使用比较稳定的 Autodesk Civil 3D 2006 为例，介绍 Autodesk Civil 3D 在城市规划及其相关专业的使用。Autodesk Civil 3D 2006 包含了 AutoCAD2006 的所有功能，用户界面与 Windows 标准高度兼容。如图 1—13 所示。

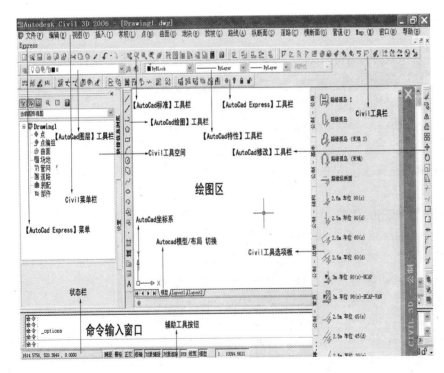

图1—13　Autodesk Civil 3D 2006中文版的用户界面

1.8.6 Autodesk Civil 3D 的菜单栏

Civil 3D 2006 中文版的菜单包括【文件】、【编辑】、【视图】、【插入】、【常规】、【Express】等 18 项。Civil 的菜单因功能扩展需要与 AutoCAD 菜单不同，但 AutoCAD 的所有功能都可以通过工具栏和快捷方式实现。

⚠ **注意：**

★ 【Express】为选择安装，建议读者安装时将【Express】选上，此扩展功能十分有用。

如果将 "绘图区" 窗口最大化，菜单栏最左边的是 Civil 3D 的绘图窗口图标▩，单击它可打开一个图标菜单，双击它可关闭当前图形文件。

1.8.7 Autodesk Civil 3D 与 AutoCAD 之间的菜单切换

如果暂时用不到 Autodesk Civil 3D 的功能，可以切换到 AutoCAD 的菜单，从而直接使用 AutoCAD 的所有功能，方法如下：

◆ 在命令行输入 "menu" 命令，显示出以下对话框 (图 1-14)，选择 "浏览"，弹出 "选择自定义文件" 对话框，在文件中选择 "acad.CUI" 文件后，单击 "加载"，便切换至了 AutoCAD 菜单。

◆ 如果想回到 Civil 的菜单，可以在 "选择自定义文件" 对话框的文件中选择 "Civil.cui" 文件。

◆ 还可以 "加载"、"卸载" 菜单文件以便同时加载 Civil 和 AutoCAD 菜单，使用 "menuload" 命令即可。

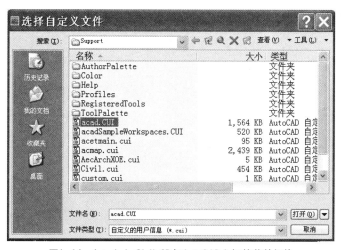

图1-14 Autodesk Civil 3D与AutoCAD之间的菜单切换

本章小结

　　计算机辅助设计技术发展迅速，从 Autodesk 公司推出的 AutoCAD R14.0 以来，该软件平台有了很大的拓展，但基本的绘图原理和技巧相对不变。本章以 AutoCAD2007 为例，介绍了该软件的界面、概念和基本操作，为进一步的计算机辅助城市规划设计打好基础。本书最后附有 AutoCAD 常用命令解释，方便读者查询，这些都是 AutoCAD 城市规划计算机辅助设计中经常用到的命令，如需进一步了解其功能，也可以查阅 AutoCAD 软件中的帮助（Help）。

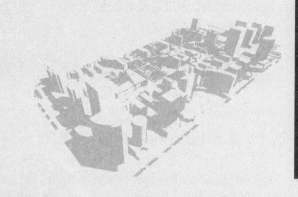

2 地形图处理

地形图是规划工作的基础，本章将介绍各种地形图的类型及处理的方法。涉及到的软件以 AutoCAD 和 Photoshop 为主，关于 Photoshop 的操作在以后的章节还会详细论述。地形图的矢量化软件有很多，本章主要介绍了 Autodesk 公司的 Raster Design 软件，该软件是基于 AutoCAD 开发的二次应用软件。由于目前城市规划实践中地形图电子文件使用已基本普及，矢量化软件的使用频率也会随着这一趋势逐渐降低。

本章重点

1. 规划设计中常用的地形图
2. 栅格地图矢量化
3. 矢量地形图简化
4. 矢量地形图栅格化
5. Autodesk Raster Design 简介

2.1 地形图资料的格式与来源

一般情况下地形图由设计委托方提供，委托方从测绘部门获得，大部分为电子文件，有些地区可能只能提供纸质的图纸。电子文件可分为两种格式：矢量文件和栅格文件。矢量文件可能是 AutoCAD 格式（用于城市总体规划和详细规划），也可能为 GIS 格式（用于城镇体系规划、区域规划的大范围地形图）；栅格文件为扫描纸质图纸获得的 JPG 或 TIFF 格式的文件（可用 Photoshop 进行处理）。

⚠ **注意：**

★ 地形图操作要点：要保证原始坐标的准确，在 CAD 使用过程中不要随意地对地形图平移、旋转、缩放。可以根据需要自己设定用户坐标系（用 UCS 命令）。

2.2 AutoCAD 格式矢量地形图的处理

由于测绘部门提供的文件要满足专业测量的要求，必须进行数据处理，否则不必要的分层太多（有时达到几十个层），造成文件量太大。处理方法有两种：①筛选与合并：筛选出无用的信息，并删除。合并同类层。②栅格化：将矢量地形图栅格化（适合文件量特别大，计算机运行速度明显受到限制的文件）。在这类文件中地图要素过于详细、精细，对规划设计来说并不需要。

2.2.1 筛选与合并

（1）使用 layer isolate 按钮将地形图上不需要的层单独显示出来，删除：

◆ 点击 layer isolate 按钮，将地形图需要合并的层——选中，单独显示出来（其余不相关的层关掉），将所有需要合并的层选中，利用图层属性工具栏一次改

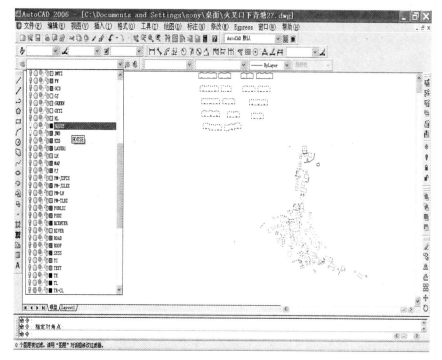

至合并后的层（图2-1）。

处理后的地形图中合并后的层建议不超过10个，分为建筑、道路缘石线、道路红线、道路中心线、水面、环境、标注……即可。原始地形图文件务必保留，备用。

（2）使用purge命令进行数据清理，清除不再需要的、多余的层、块等。

2.2.2　栅格化

在城市总体规划编制的现状调研过程中，为加强现状土地使用调查的准确性，往往使用的是1：2000甚至1：1000的地形图，这样可以清楚地看到建筑物的信息。但是将这些用于详细规划的CAD地形图拼接起来，整个城市的数据往往会达到几十兆甚至上百兆。可以用栅格化处理的方法，得到简化的地形图，作为平时使用的工作底图，提高工作效率。具体方法见本章2.4。

2.3　矢量化地形图

（1）Autodesk Raster Design 简介

Raster Design 基于 AutoCAD，可以提供高级矢量化功能、光栅编辑功能和光栅数据预处理功能。使用 Raster Design 软件，可以充分利用扫描图纸和地图、航空摄影、卫星影像以及数字高程模型，有效地辅助规划设计。

(2) 假设原始地形图文件为 dixin_c.jpg（原图为彩色文件，图 2-2）。首先在 Photoshop 中强化、提取地形图中的等高线，变为 Bitmap 格式。

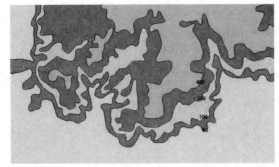

图2-2 需要进行矢量化的栅格地形图

◆ 用 Photoshop 打开地形底图，变为灰度格式：【Image】/【Mode】/【Grayscale】

◆【Image】/【Adjustments】/【Replace Color...】，将有灰度颜色的色块变为白色。在 Replace Color 弹出式菜单中用 Fuzziness 选择需要提亮的色块，将 Lightness 改为 +100。也可以使用【Image】/【Adjustments】/【Brightness/contrast】进一步调整线条对比度，消除黑点。

◆【Image】/【Mode】/【Bitmap...】将图片格式调整为 Bitmap（即图中只有黑色和白色，没有灰度）。

Save as 为 Tiff 文件，如："dixin_b.tif"。

(3) 打开装有 Raster Design 的 AutoCAD，用【Image】/【Insert】插入 "dixin_b.tif" 文件，Insert options 选择 Quick insert。

将图片改为透明：选中图片，点击 "对象特性" 按钮，或使用 "Ctrl+1" 快捷方式，弹出 "特性" 选项板，注意透明度一览应选 "是"（图 2-3）。

(4) 将原始彩色文件垫在下面作为参考：【Image】/【Insert】选择 "dixin_c.jpg" 文件。注意插入图片时要和刚才黑白图片完全叠合，Insert options 选择 Quick insert。【工具】/【后置】可将彩色图像文件后置。

(5) 追踪等高线

◆ 使用【Image】/【Vectorization Tools】/【Contour Follower】命令

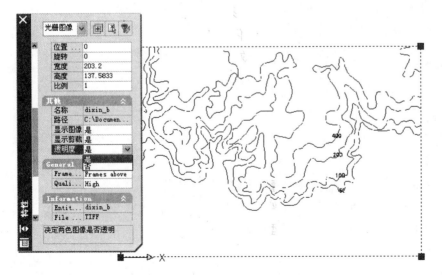

图2-3 插入并设置透明的 Bitmap格式栅格文件

追踪等高线。

系统提示：Specify point to follow or [manually Add/Partial]：

点击需要跟踪的等高线（从低的等高线开始输入）。如觉得可以，回车确认。

系统提示：Specify elevation for contour：输入本等高线的高程。

如果遇到不确定的地方，比如遇到有等高线高程的高程标注文字，系统会停下来，这时系统提示：

Manually add point or [Add/Switch/Backup/Rollback/Direction/Continue/Vector/Close/Join]：

此时可以用手动继续点击描绘等高线，从而绕过标注文字。

Continue（键入"o"）：继续追踪。

在追踪过程中可以用 Backup（键入"b"）：后退

Add（键入"a"）：增加顶点。

Rollback（键入"r"）：回到前面的错误判断的点，用 Switch 调整起始点与终点，利用鼠标右键／最近的输入获得刚才用过的命令。

（6）完成所有的等高线后，"Ctrl+s"存盘。文件名为 dixin.dwg，在 2.4 节中还要用到这个文件。

⚠ **注意：**

★ 在 Raster Design 转换等高线过程中，一旦形成矢量等高线，栅格文件中的这条线会同时删除。存盘时，系统会提示是否要将修改保存到栅格文件中。

2.4 栅格化地形图

假设刚才得到的 dixin.dwg 是很巨大的文件量，我们需要将其转换为栅格文件。步骤如下：

（1）在 AutoCAD 中打开"dixin.dwg"文件（本教材不提供练习数据，平时练习可以根据设计课内容使用类似的案例进行练习）。

（2）用 pline 或 line 画一个正方形的图框，把所有需要图面表达的内容包括在图框内。将文件另存为"dixin-b.dwg"。

（3）添加虚拟打印机，将文件转为栅格文件格式。

◆ 打开【工具】／【选项】对话框。

◆ 点击【打印和发布】→添加或配置绘图仪。

◆ 双击"添加绘图仪向导"打开添加绘图仪向导，点击"下一步"→"下一步"。

◆ 在生产商一栏中选择"光栅文件格式"，在型号一栏中选择"TIFF Version6（不压缩）"。

◆ 点击"下一步"→"下一步"……，便完成虚拟打印机的添加设置。

◆【文件】/【打印】，打印机名称选择"TIFF Version6（不压缩）"。

◆ 点击"特性"，修改图纸尺寸，点击自定义图纸尺寸→添加，以像素为单位创建图纸，根据经验，A0 图纸像素需达到至少 6000dpi×6000dpi。点击"下一步"直到完成设置。当系统提示是否需要修改打印机配置文件时，可以保存文件，以备将来使用。

◆ 回到打印设置菜单，图纸尺寸选择"用户 1（6000dpi×6000dpi）"。

◆ 打印范围：选择"窗口"，并选择地形图的图框。打印比例：布满图纸。打印区域：X 和 Y 均应为 0。按"确定"，命名打印出来的文件名，比如"dixin-b-model.tif"，即将所选择的 CAD 图层转换为 Tiff 文件格式。

(4) 用 Photoshop 打开"dixin-b-model.tif"，参考 2.3 节将其变为 Bitmap 格式，在【Image】/【Image size】，将 Document size 改为 CAD 图框的大小（注意单位是厘米，选中 Constrain Proportions 保持长宽比例，不选 Resample Image 以保证图纸精度不变），保存。

(5) 回到 AutoCAD，在"dixin-b.dwg"矢量地形图的基础上，插入"dixin-b-model.tif"：

◆【格式】/【单位(U)…】，在插入比例中选择与 Photoshop 一样的图纸尺寸单位，如厘米。

◆【插入】/【光栅图像(I)…】，选择 Bitmap 格式的"dixin-b-model.tif"，"插入点"：选择"在屏幕上指定"；"缩放比例"：不选"在屏幕上指定"，确定为 1；点击图框的左下角以完成图片的插入。

将插入后的图片变为透明。此时栅格和矢量文件应该完美地叠合在一起，这样便可以将矢量文件去除，留下插有栅格地形图片的 CAD 文件备用。

◆ 使用 wblock 提取栅格地形图：在命令行输入"W"，选择栅格地形图片，将文件保存为需要的文件名即可。

▽ 注意：

★ 栅格化后的地形图其坐标必须和原来的 CAD 图完全保持一致。

本章小结

地形图的使用必须与城市规划设计工作的需要相衔接，根据不同的规划层次和需求选择不同格式和精度的地形图。实践过程中在有条件的情况下，尽量使用矢量地形图。为使数据简化，本章矢量化练习使用的数据仅涉及到等高线，现实操作中会有不同类型的数据，矢量化操作的原理是一样的，注意要把数据放至 CAD 不同的层中。在数据量实在过大前提下，可以尝试矢量数据的栅格化，作为日常的工作底图。

3　居住小区规划设计

在进入本章的学习之前，应首先掌握居住区修建性详细规划设计的基本内容和方法，对居住区规划理论有一定的认识，同时还要求熟悉我国目前的城市居住区规划设计规范，并且能够对居住小区或居住区设计进行初步的分析与综合思考，具有一定的创造性思维能力。

第 3、4 章将具体介绍如何利用计算机辅助进行居住小区和居住区规划设计，以及如何运用计算机辅助绘图进行方案成果的分析与表现。

本章重点
1. **设计构思草图阶段：航空影像图的利用、基地分析**
2. **居住小区规划总平面计算机辅助设计**
3. **设计图图框制作**

3.1 居住小区的计算机辅助规划设计概述

3.1.1 基地调查与基础资料的收集
- 立足于小区基地及其周边环境，从基地调查开始做起。

通过对基地的实地考察以及相关基础资料的收集，可以获取大量信息作为今后设计的依据，并可以从基地及其周边环境要素中获取设计的灵感。可以使用数码相机或摄像机拍摄记录现场。

- 现状地形图的准备：CAD 文件，航空影像图等。

3.1.2 基地 CAD 图的完善
获得基地现状图之后，需要将基地图进一步完善。有些情况下，基地图中居住小区外围城市道路或居住区级道路中心线、侧石线、道路红线都已给定。但是如果给出的基地图仅仅划定了居住小区规划用地范围，即居住小区外围的地块界线以及城市道路的中心线，那么，就需要根据调查所得信息与数据，进行基地 CAD 图的加工与完善。

具体过程如下：

(1) 居住小区外围城市道路或居住区级道路侧石线、红线的绘制
- ◆ 用 line 命令（简写"l"）绘制道路中心线
- ◆ 输入命令 offset（简写"o"）
- ◆ 输入车行道宽度的 1/2 作为偏移距离
- ◆ 选择道路中心线作为偏移对象，往道路中心线两侧偏移
- ◆ 继续命令"o"
- ◆ 输入道路红线宽度的 1/2 作为偏移距离
- ◆ 选择道路中心线作为偏移对象，往道路中心线两侧偏移
- ◆ 将侧石线和道路红线改设为实线的相应层

这样，便得到了小区基地周边道路的道路中心线、道路红线和侧石线。

⚠ **注意：**

★ 为便于修改，道路中心线尽量使用连续的多义线（pline）。

★ 按照规范要求，道路中心线的线型应该为点划线，道路其他线条应该为实线。

★ 有绿化分隔带的道路，同样可以用命令 offset（简写 "o"）绘制绿化分隔带。

★ 此外，根据各人习惯，也可以采用命令 mline（简写 "ml"）绘制道路，这条命令经过设置可以直接绘制多条平行线。

（2）相交道路的倒角操作

◆ 输入命令 explode（简写 "x"）

◆ 选取道路红线和侧石线作为分解对象，将其炸开

◆ 输入命令 fillet（简写 "f"）

◆ 输入 _r

◆ 输入倒角半径 R 值

◆ 选取需要倒角的道路线进行倒角

这样，我们便完成了小区基地外围道路的道路中心线、道路红线、侧石线的完整绘制，得到一张完整的基地图，如图 3-1 所示：

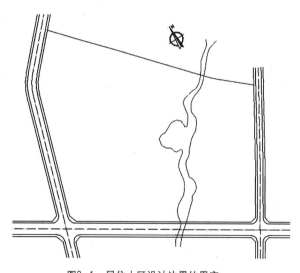

图3-1　居住小区设计边界的界定

⚠ **注意：**

★ 通过 explode 命令将需要进行倒角操作的道路线炸开，便于倒角，但是，连续的道路中心线必须保证为多义线（pline），不能炸开，否则，需要通过输入 Pedit 命令（简写 pe），选择需要连接的多义线（pline），输入选项 "j"，将各相接的道路中心线转换为一条多义线（pline）。

★ 道路交叉口转弯圆弧线必须保证与道路直线是相切的关系，这一点通过倒角自然可以满足。但是，如果采用pline命令中的"a"选项绘制道路交叉口，就很容易出现转弯圆弧线与直线不相切的情况，这是不允许出现的（见图3—2、图3—3）。

★ 交叉口处道路红线的倒角可以为斜角也可以是圆角，为保证交叉口"视距三角形"，建议采用斜角形式（但根据有些地方的规范，仍采用圆角，这些地区应在编制的详细规划中通过其他规划手段，落实"视距三角形"）。

★ 道路侧石线和道路红线的倒角起始点一般应该相互对应，如图3—4所示。

★ 倒角半径的选择，要根据道路设计。在规划设计阶段，经验值一般为该车行道宽度的3/4～1。两条不同级别、不同宽度的道路相交，则采用较窄的那条道路宽度作为参考值。道路越宽，所取半径比例可以越小，反之越大。

★ 市场上有很多计算机辅助规划设计软件产品，绘制道路的时候比较方便，不需要炸开或剪切就可以直接进行道路的倒角操作，如有条件，可使用这类经过二次开发的软件，以便提高工作效率。

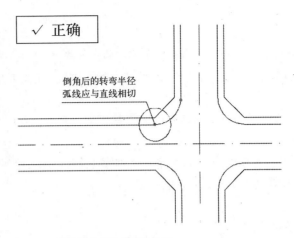

图3-2　道路转弯半径的正确绘制

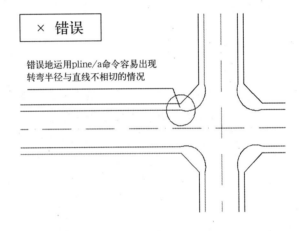

图3-3　道路转弯半径的绘制（容易犯的错误）

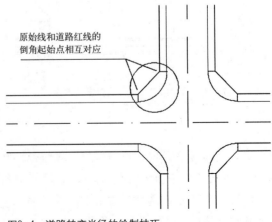

图3-4　道路转弯半径的绘制技巧

3.2 居住小区规划总平面计算机辅助设计

如果已经有了设计构思草图，可以用它作为居住小区总平面计算机辅助设计的基础，用 CAD 绘制总平面图。

用 CAD 绘制的总平面图内容包括：住宅建筑和公共建筑的屋顶平面、建筑层数、建筑使用性质、地块红线、主要道路的中心线、车行道线、人行道线、停车位（地下车库及建筑底层架空部分应用虚线表示出其范围）、室外广场、铺地的基本形式等。绿化部分应区别乔木、灌木、草地和花卉等。

用 CAD 绘制居住小区平面图的一般步骤为：

（1）先确定居住小区主要道路结构。

（2）再根据构思设想的小区结构进行住宅建筑单体的设计与布置，同时与道路的布置进行互动性的协调与调整。

（3）随后便可以设计与绘制小区公共建筑。

（4）最后进行环境景观的深入设计。

这个过程是一个不断修正与完善的动态过程。以下将分类介绍居住小区各级别道路、住宅建筑单体、公共建筑的设计、绘制与布置。环境景观的设计详见第 5 章。

3.2.1 各类道路的设计

居住小区的道路系统一般包括三部分：小区级道路，组团级道路和宅间路。

注意：

★ 小区级道路红线内一般有人行道，两侧规则种植行道树，道路红线宽度根据居住小区实际情况进行相应设计，一般为 10 ~ 14m，其中车行道宽度一般为 5 ~ 8m；组团级道路两侧可根据实际需要设计人行道，其道路宽度一般控制在 8 ~ 10m 左右，其中车行道要求为 5 ~ 7m；宅前宅后路作为入户路，其路幅宽度不宜小于 2.5m，连接高层住宅时其宽度不宜小于 3.5m。

（以上摘自：周俭．《城市住宅区规划原理》．上海：同济大学出版社，1999）

下面具体介绍不同级别道路的设计与绘制。

（1）小区级道路的绘制

设计构思草图阶段，如果采用的是参考已有小区类型的结构模式确定小区路网与结构，那么小区路网则可以利用已有的经验数据直接进行 CAD 图的绘制，具体操作过程参见小区外围城市道路或居住区级道路的绘制；如果是通过草图构思形成特有的小区模式与结构，那么可以按照如下操作进行：

◆ 将草图扫描保存成图片格式，如 tif、jpg 格式

◆ 通过插入光栅图像将草图图片插入 AutoCAD 作为参考底图（图3-5）

◆ 在底图的基础上进行道路中心线的描绘

◆ 通过 offset 命令绘制各条小区级道路的侧石线和红线

CAD 可以用来核对草图中各条道路绘制是否准确，成为校核的工具。

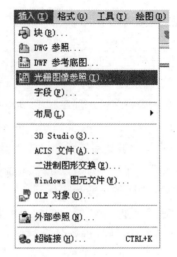

图3-5　插入光栅图像

⚠ **注意：**

★ 如果有两条道路相交，暂时不要进行道路的倒角操作。因为随着后面设计工作的进一步进行，建筑单体的布置，公共建筑的设计与布置，环境景观的设计，以及设计规范的约束，很有可能需要通过 move 命令对道路进行整体移动。因此，为了避免重复劳动，减少不必要的工作量，在建筑单体布置、公共建筑布置等没有确定好之前，相交道路不要过早倒角。

★ 在进行道路中心线的描绘过程中，必然会有道路的转角，此时会出现弧线，如果采用两条直线进行倒角绘制道路转角，我们可以保证满足直线与弧线之间是相切的关系；但是，如果选用 pline 命令（简写 _pl），先后选择 "a" 和 "l" 选项，很可能出现直线与弧线不相切的情况，如图 3-6 (b) 所示。正确的做法应先画两条道路的直线，通过直线的倒角得到道路的转角处中心线。

★ 如果道路有多个转角，采用 pline 命令 "a" 和 "l" 选项，绘制道路中心线时，应进行相应的修改，方能保证各条弧线与相接直线相切：

• 使用 explode 命令（简写 _x），将绘制的多义线（pline）炸开，得到不同弧线和直线

• 删除与直线相接的弧线

• 使用 fillet 命令，通过 "r" 选项，输入倒角半径值

• 选择被删除弧线两端的弧线与直线进行倒角，即得到相切的直线和弧线

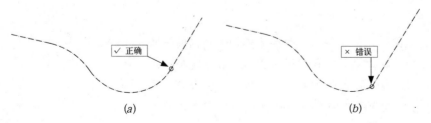

(a)　　　　　　　　　　　　　　　(b)

图3-6　道路中心线的正确绘制

如图 3—6（a）所示。

• 输入命令 pedit（简写 _pe）

• 选择绘制好的多条道路中心线，将其转换为多义线（pline）

• 输入选项 "j"，将所选择的多条道路中心线相接的部分合并成一条多义线（pline），满足连续道路为多义线（pline）的要求

• 用倒角绘制道路中线后，在道路坐标图中，原两直线的延伸线的交点、转弯处（起弧点）需进行坐标标注，并标注转弯半径。

◆ 如果建筑和道路的位置都已确定，则可以对两条相交道路进行倒角，其倒角操作的具体过程以及注意事项参见 3.1.2/（2）相交道路的倒角操作。

◆ 如果小区道路系统网络结构已经确定，则可以在人行道上布置行道树。一般来说，行道树中心点距离人行道靠车行道边缘一侧 1.0 ~ 1.5m 远；行道树中心点间距一般为行道树的直径，一般为 6 ~ 8m；交叉口视距三角形范围之内不宜布置行道树，可布置低矮灌木。

具体操作如下：

• 将道路侧石线 offset1.5m，得到一条种植行道树的辅助线

• 在辅助线的一端种植一棵行道树

• 以所种行道树为对象，通过阵列命令沿着辅助线种植一排行道树，保证每一棵树的中心都在辅助线上（图 3—7）

其中，阵列的列数可以根据道路长度以及树间距等的相关计算大致确定；偏移行数可以是单行，也可以是两行，从而将道路两侧的行道树一起布置，当然要注意道路的形态是否规则；偏移距离则根据树间距以及道路宽度决定；阵列角度可以根据已有数据直接输入，也可以通过辅助线拾取。

• 删除交叉口视距三角形以内的行道树，并根据实际情况删除不能种树的相关路段处的行道树

⚠ 注意：

★ 行道树的布置还可以通过 measure 命令进行操作，通过设置路径，选择树型，设置树间距等绘制，具体方法参见 "第 5 章环境规划设计" 的相关部分，同后面的分析图的绘制相似。

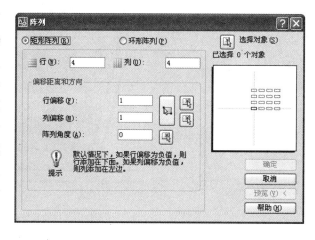

图3—7　利用阵列命令绘制
行道树

(2) 组团级道路的绘制

组团级道路主要联系居住小区范围内各个住宅群落，同时也伸入住宅院落中。其具体绘制方法、设计要点和注意事项参见小区外围城市道路或居住区级道路和小区级道路绘制。

⚠️ **注意:**

★ 组团级道路一般不设人行道，也可以根据实际需要设置相应宽度的人行道，绘制组团级道路时，应该根据设计所需，进行道路中心线的偏移，再进行下一步工作。

(3) 宅间路的绘制

宅间路起着连接住宅单元与单元、连接住宅单元与居住组团级道路或其他等级道路的作用。因此，宅间路的绘制要结合建筑单体的布置进行。它可以与其他级别的道路形式一样，也可以以铺地的形式存在。若宅间路采用一般道路形式，其具体绘制方法同其他道路，只是偏移距离和倒角半径应该相应减小，并与单元出入口相接。

如果采用铺地形式，则根据所设计宅间路边缘线进行铺地的填充。宅间路边缘线应该与住宅建筑边缘有一定距离，满足人们的通行需要，或者直接与建筑边缘线相接，周围由绿化围合，宅间路还应考虑留有宅间绿化。如图3-8所示。

在完成小区级道路、组团级道路和宅间路的绘制之后，便可以得到一组完整的小区道路系统网络图。如图3-9所示（注：宅间路的绘制应该在建筑单体布置好之后进行，此处仅供分类参考）。

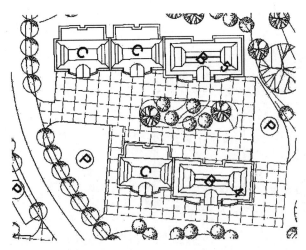

图3-8　宅间道路的绘制

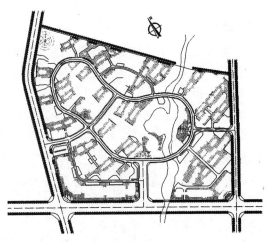

图3-9　居住小区中的各级道路

注意：

★ 小区道路系统的绘制要紧密结合建筑单体布置以及公共建筑设计与布置，根据需要进行相应的调整与完善。

★ 居住小区规划设计的平面图绘制，还应结合三维建模一并进行。将三维建模所反映的居住小区整体空间关系反馈到 CAD 总平面图上，再进行平面图的改进与调整。

★ 在分析并提出居住区内部居民的交通出行方式，布局道路交通系统，确定道路转弯半径的同时，还应该综合考虑道路景观效果，设计相应的道路断面，确定停车的类型、规模和布局方式。

3.2.2 住宅建筑单体布置

在确定住宅建筑单体的布置之前，应该先选择或设计适宜的住宅类型，提出相应的住宅院落结构模式，住宅应功能合理、朝向良好，有较好的自然采光和通风条件。随后便可以结合道路系统的规划设计进行建筑单体的布置了。

计算机辅助设计可以帮助设计者把朦胧的意识形象化、具体化，再进行技术性、细节性的完善。在这个过程中，计算机不再是被动的接收者，制图的工具，而是积极地参与设计，不断与设计者进行交流。这样的参与是一个与设计者一起进行探索、比较、肯定与否定、修正与完善的动态过程。住宅建筑单体的布置与小区道路系统的调整就是这样一个过程。建筑的布置应该满足各项设计规范要求，若不满足，则应该根据需要对建筑布局或者原有道路位置进行调整，再对建筑单体之间的日照间距、退界距离等指标进行校核。

建筑单体布置，应着重考虑其日照间距、退后道路边缘线或道路红线距离、与小区公建之间的距离即公建的服务半径等要素。可以采取以下方法进行计算机辅助总平面布置。

（1）采用"邻近区"作为设计过程中判断的依据

◆ 排斥型的邻近区

如图 3-10 所示，在已定位的住宅单体 A 周围，根据有关规范得到一

图3-10 排斥型的邻近区

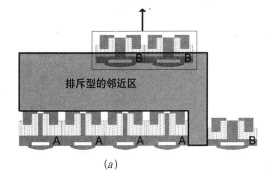

(a)

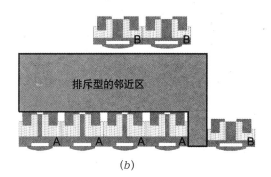

(b)

个邻近区。第二个进行定位的北侧和东侧的建筑单体 B 不能在这个邻近区内，否则将视为违反规范要求，如图 3-10 (a) 所示。因此这个邻近区的性质是排斥性的。当第二个进行定位的建筑单体在排斥性的邻近区内，应该重新定位或者替换单体，如图 3-10 (b) 所示。

⚠️ **注意：**

★ 邻近区的确定根据小区所在当地的规范进行：比如自 2003 年 12 月 1 日起施行的《上海市城市规划管理技术规定》中的相关要求如下：

居住建筑与居住建筑平行布置时的间距：朝向为南北向的〔指正南北向和南偏东（西）45° 以内（含 45°），下同〕，其间距在浦西内环线以内地区不小于南侧建筑高度的 1.0 倍，在其他地区不小于 1.2 倍；多、低层居住建筑的山墙间距不小于较高建筑高度的 0.5 倍，且其最小值为 4m。

◆ 吸纳型的邻近区

如图 3-11 所示，在公建（如幼儿园）周围，根据其服务半径得到一个邻近区。进行定位的建筑单体应该在这个邻近区之内，因此这个邻近区是吸纳型的邻近区。

（2）根据所在地方规划管理技术规定，确定建筑后退道路规划红线的距离（各地规定不同，大部分根据建筑高度和道路规划红线宽度来确定），以及沿建筑基地边界建筑物的离界距离。用 offset 命令，通过 offset 边界线来绘制辅助线，布置的建筑不得"突破"这条辅助线。

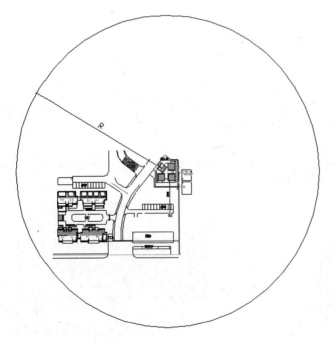

图3-11　吸纳型的邻近区

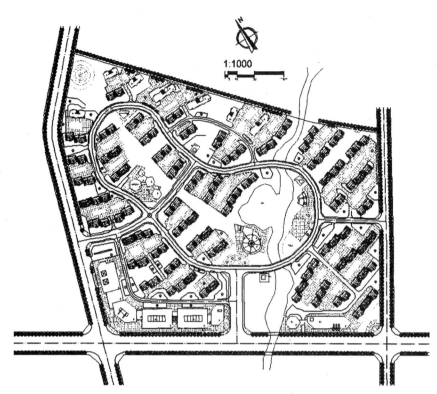

图3-12 小区总平面（完成了建筑和道路布置后）

建筑单体的布置与小区道路进行相互协调之后，基本上可以确定建筑与道路的具体位置和相互关系了，这样小区的大体结构已经成形，今后进行的工作就是进行微调，不会出现整体大的变动（图3-12）。

⚠️ **注意：**

★ 建筑单体平面图上需要标明层数，标注位置与形式要保持一致，可位于建筑平面左下角或右上角，标注形式可以采用数字表示，如"6F"表示6层。

★ 建筑单体同时还需要标明单元房型，一般用大写英文字母表示，标注于建筑单体平面图的右下角、左上角或中间部位。

建筑布置时应将各种类型的单元定义为不同的块（block）的形式，在随后的工作中可以进行块的重新定义（redefine），方便相同单元的整体调整与变化，有利于之后的三维建模工作，可以节省大量精力与时间。

具体操作如下：

• 点击【绘图】／【块】／【创建】，如图3-13所示（或者使用命令block，简写"b"）

• 输入块名

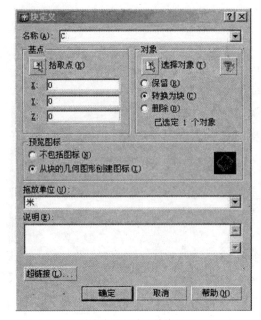

图3-13　块命令的使用　　　　图3-14　利用块命令绘制建筑单体平面

- 拾取对象，选择要定义为块的建筑单体
- 拾取基点，确定插入块的参照点

如图 3-14 所示

通过以上操作即完成了块的设置，如果要替换块，可以选取新的对象，输入需要替换的块名称，再选择同一个基点，然后在弹出的"是否重新定义"对话框中选择"是"，这样便完成了块的重新定义，所有的块均将被替换掉。

⚠ **注意：**

★　块的插入基点的设置应该尽量选用块上易于捕捉的交点或者端点，不能选择在图幅范围以外，便于以后进行块的替换时新的块插入基点的捕捉与确定。

★　进行块的替换时，要注意保证新的块基点与原有块基点重合，否则无法顺利替换。

3.2.3　公共建筑的设计与配置

规划设计应该综合考虑公共建筑的内容、规模和布置方式，在图纸上表达其总平面组合的体形关系和室外空间场地的设计方案。

公共建筑的设计与布置，同建筑单体布置一样，要注意其"吸纳型的邻近区范围"，即应该考虑公建的服务半径是否满足规范要求，是否合乎人的尺度。

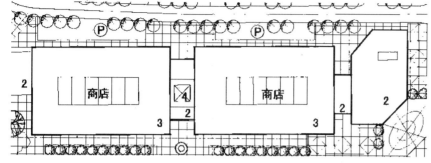

图3-15　公共建筑层数的标注

⚠️ **注意：**

★ 在做公建的设计时，要注意同一行（列）公共建筑的进深必须保持模数的一致性，建筑面宽应符合规范要求。

★ 公建要标注层数，标注的位置与形式要统一，可采用数字标注，一般置于建筑的左下角或者右上角。如图3-15所示：

3.2.4　小区景观环境的设计

景观环境的设计对于一个居住小区规划设计而言，也是重要的，有的设计构思甚至是从环境设计开始着手。小区景观环境的设计同样也要符合技术规范，具体设计方法与过程参见第5章。

3.2.5　图层的设置

居住小区规划平面图的设计中，图层的设置是一个关键的技术要点。图层设置不合理或者图层设置混乱，会导致多余工作量。图层设置清晰，颜色选择得当，可以产生更好的视觉效果，减缓长时间操作的视觉疲劳。

点击图层特性管理器按钮▨，可以进行图层的新建、删除等编辑，并可以设置图层颜色、线型、线宽等。要将某一个图层置为当前图层，可以选择该图层上的某个元素，再点击按钮▨，即可在该图层上绘制。

⚠️ **注意：**

★ 不同平面元素应分别放在不同的图层上，分层明确清晰，例如：道路红线层、道路中心线层、道路侧石线层、公建层、住宅单体层、水域层、树木层、铺地层、标注层等，便于以后平面效果图的制作。

★ 为便于数据管理，图层名称尽量不用汉字命名。

★ 不同的图层选用不同的颜色，这一点可以根据设计者个人习惯而定，但是应该尽量保证所选颜色能够突出图层的性质与效果，而且要搭配和谐，具有视觉美感。例如：在CAD绘图环境设置中绘图区以黑色背景为例，建筑或道路在整幅图面上应该比较突出，应该尽量选用与底板的黑色对比最大的颜色（白色、黄色等），避免选用较深的颜色（深蓝、深红等）；又如铺地在图面上应该相对较虚化，应该附之以较深的颜色，可以起到弱化的效果，而且，还可以选用与实际相近的颜色，比如：河流、水域范围可以选择蓝色，绿化则选用绿色等。为兼顾平面示意功能同时保证视觉效果，整幅平面图上应该主次、强弱分明，虚实、对比明确，颜色选择不要太花，艳丽惹眼的眼色尽量少用，见下表。

由于在以后出成果图打印的时候，线条宽度、灰度等等打印设置都是根据颜色而定，因此，根据打印需要，也可以将不同图层设置为同一种颜色。如果由于表现需要，同一图层上的要素有不同的打印要求，也可以将其设置为不同颜色。所以，图层一定要分明确，但颜色设置则可以根据打印需要进行灵活调整。

有时会出现因层数太多而不便于选择常用层的情况，可以在给定重要图层命名的时候，在层名前加上阿拉伯数字0、1等，这样，重要层在图层中的排位会自动靠前，方便选择。

建议重要图层命名与设置方式如下：

层名、颜色、线型设置建议

层名	建议选用颜色	建议线型	对应的设计对象
1RL-road	white	Bylayer	道路红线
1CL-road	red	ISO04W100	道路中心线
1MS-road	white	Bylayer	道路缘石线
1water area	blue	Bylayer	水面
1greenification	green	Bylayer	绿化
1ground/hardpan	brown	Bylayer	硬质地面
1tree	green	Bylayer	树木
1residential building	yellow	Bylayer	住宅建筑
1public facilities	red	Bylayer	公共建筑
1txt	white	Bylayer	文字标注

3.2.6 图框、图例、比例尺、指北针的制作

一张完整规范的平面图必须具备图框、图例、比例尺、指北针、标题、图名、署名、制作日期等内容，作为平面图的参考依据。具体要求如下：

（1）图框

图框的大小一般根据图幅及比例尺的大小确定，同时要满足晒图的规格图幅尺寸，长宽数据应该保证为整数，不要出现小数点。例如：A2 图纸 594mm×420 mm，A1 图纸 841mm×594 mm，A0 图纸 1189mm×841 mm 等。

（2）图例

图例应该反映平面图中不同颜色、样式、形态的部分，分别表示什么要素，公共建筑、住宅建筑、铺地、水体、道路、停车库等分别在图中明确表达。对于

图例的使用，应满足规范要求，对于规范既定的图例，必须严格遵照使用。

（3）比例尺

可以采用不同形式表示图纸比例，例如：

1:1000

（4）指北针

指北针也有多种形式，可以结合风玫瑰，但风玫瑰图一定要符合小区所在地方的实情，不能随便拷贝。其他指北针则可以拷贝已有形式，如：

（5）标题

标题一般由设计方案名称决定，也可以根据自己的设计与构思，将与设计主旨相关的文字作为主标题，设计方案名称作为副标题。

综合以上内容，即可得到一张完整的居住小区规划设计平面图（AutoCAD格式）了，如图3-16所示。

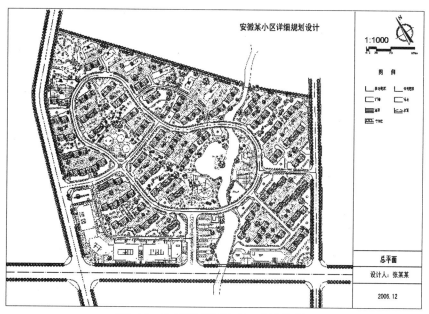

图3-16　完成后的平面图（AutoCAD格式）

本章小结

本书主要从CAD技术层面展开，住宅区规划原理应参考相应文献。居住小区规划设计是一个创作的过程，在这个进程中目前的计算机辅助设计无法替代构思和创意，但可以检验小区设计是否符合规范。基于计算机辅助设计的平面也可以相对准确计算技术经济指标，这对于规划合理性的验证非常重要，将在下一章详细介绍。

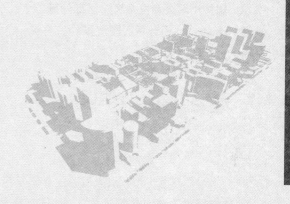

本章在第 3 章居住小区平面设计的基础上，进行三维空间的建模。利用 Photoshop 软件对 AutoCAD 平面图进行渲染，产生平面效果示意图。还将介绍居住小区技术经济指标的计算，分析图的制作方法与步骤。解释在 3dsMax 中如何利用三维模型和平面效果图叠加的方法制作三维空间示意图。最后介绍更大规模的居住区规划设计成果表现。

本章重点

    1．居住小区三维建模及渲染
    2．居住小区规划技术经济指标计算
    3．Photoshop 设计平面图渲染
    4．分析图绘制

4.1　居住小区三维建模

居住小区的平面关系大致确定之后，还要考虑小区整体的空间关系是否协调，高层、多层、低层建筑的相互位置是否合理，小区天际轮廓线是否和谐、美观，滨水景观是否具有渗透性，沿岸建筑是否影响其他建筑中居民的观景视线通道等。通过对这些三维关系的斟酌、衡量与比较，再反馈到总平面设计中，优化居住小区规划设计方案。

可以通过工作模型来研究，也可运用 CAD 建模，或者通过 3dsMax 进行小区建模，反映三维空间关系。

4.1.1　实体工作模型的制作

居住小区实体工作模型的比例，可根据小区规模而定，一般按 1∶500 或 1∶1000 制作。工作模型只需简单反映建筑空间关系，因此，一般比较简单，只需要在底板上覆一张小区平面图，其上根据平面图中不同建筑的位置安放不同建筑的实体模型，形成大体的小区空间形态。

实体工作模型底板和建筑的材料，一般为 KT 板或者泡沫塑料，然后将其切割成所需形状的体块，再根据住宅建筑层数，进行相应的叠加与粘贴，再根据平面图上建筑的相关位置，对应安放不同建筑实体模型。一般采用大头针将其固定，方便以后方案修改时进行实时调整与参照。

通过实体工作模型感受居住小区设计方案的空间关系，效果比较直观，方法简单，工作量不大，但是真实感不强，模拟度较低，整体感觉略显粗糙，适合设计初始阶段的建模工作。

4.1.2　运用 CAD 技术进行居住小区建模

CAD 建模比实体工作模型精确，但整体效果不如实体工作模型直观，两者各有优势。进行小区 CAD 建模的关键，在于各建筑单元块的定义与设置。

（1）建筑单体建模

居住小区规划设计中的建筑单体建模，相对于专门的建筑单体建模要简单很多，可以采用简单建模的方式。建筑单体建模要在建筑单元房型平面图的基础上进行。具体操作如下：

墙体的绘制：

◆ 打开建筑单元房型平面图

◆ 命令 vports，简写"vp"，将视口设置为两个：垂直，在设置下拉列表框中选择三维，并根据习惯与需要修改视图，如图4-1所示。

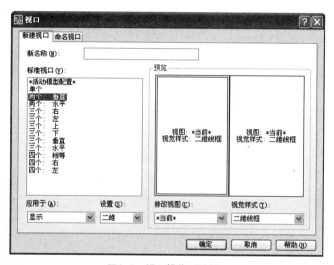

图4-1 视口操作对话框

◆ 输入命令 pline（简写"pl"），沿着房型平面图外轮廓线描一圈（注意 pline 线要求闭合，即最后用"C"结束命令。）。

◆ 输入命令 properties（简写"ch"），将所描绘的 pline 线的厚度设为层高，一般为2800（注意：建筑单体的图形单位为 毫米）。

◆ 选择上面的 pline 线，输入命令 3darray，选择"r（矩形阵列）"，设置行数为1，列数为1，层数为6（一般根据实际情况采用），将多义线（pline）沿垂直方向阵列。这样，便得到6层建筑墙体的简单建模。

屋顶的绘制

建筑单体的屋顶可以是坡顶也可以是平顶，这里简单介绍平屋顶的绘制。

◆ 输入命令 pl

◆ 在轴测图中，沿着建好的墙体最顶层外轮廓线描一圈

◆ 输入命令 extrude，简写"ext"

◆ 选择刚描好的多义线（pline）

◆ 输入拉伸高度，一般为120，将多义线（pline）拉伸成实体，从而将屋顶封闭

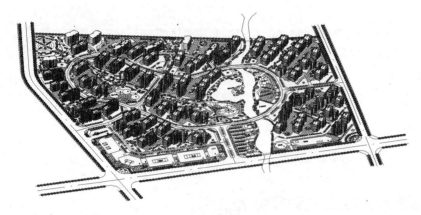

图4-2　居住小区三维建模

随后，按照实际所需，可以通过 pl 命令或者使用实体建模工具，建女儿墙，水箱，楼梯间等。

门窗的绘制，主要是通过使用不同的 UCS（用户坐标），运用多义线（pline）命令绘制，这里不再详述。

(2) 块的替换

完成不同建筑单元的三维建模工作之后，便可将这些不同建筑单元的三维模型插入原 CAD 平面图中，并将其设置成原来所对应的块的名称，即进行块的重新定义，将相应的立体模型块替换原有的平面块。这样，在原有的平面图基础上，就可以很快得到三维建筑模型图了。如图 4-2 所示。

!\ 注意：

★　小区总平面的单位为"米"，而建筑单体的单位为"毫米"。一般总体规划和详细规划图纸所采用的单位均为"米"，而建筑设计中的单位均为"毫米"。

★　替换块的时候，一定要注意重新定义的块基点的选择，一定要保证新块基点与原有块基点重合。

★　如果原有块的插入基点在块以外的某个难以捕捉的位置，可以通过绘制一条辅助线确定新块的插入基点：

◆　输入 line（简写"l"）命令

◆　使用对象捕捉，选择"插入点"

◆　将鼠标移至要被替换的块上，单击左键，将捕捉到原有块的插入点，作为辅助直线的第一点

◆　随意输入辅助直线的另一点

这样，就可以通过捕捉直线的端点（输入的起点），进行新块插入点的选择了。

4.1.3　运用 3dsMax 进行居住小区建模

运用 3dsMax 进行小区建模并渲染，真实感更强。如有兴趣，可以尝试运用 3dsMax 进行居住小区的三维建模工作。大致步骤如下：

◆ 将居住小区 CAD 平面图导入 3dsMax

◆ 选择建筑单体外轮廓线，进行相应的拉伸

◆ 利用 3dsMax 中的各种实体进行拉伸、布尔运算等，绘制所需要建筑的屋顶、窗台、阳台等等

◆ 根据需要，对不同建筑实体或体块赋予不同的材质颜色或不同材质

◆ 对小区建筑单体进行渲染

3dsMax 渲染建筑、规划、景观图的效果比 CAD 要理想得多，建议大家将 CAD 模型导入 3dsMax 中进行渲染操作，把这两个软件结合起来使用，会有事半功倍的效果。3dsMax 建模可以完全模拟实际空间环境，给人以真实的效果，但是操作的过程比较复杂，本书不再详细介绍其操作，如需进一步了解，可以参考专门针对 3dsMax 的书籍。

4.2　居住小区规划设计技术经济指标与建设用地平衡表的粗算与精确计算

居住小区规划设计必须以技术经济指标以及用地平衡表作为评价规划是否合理的依据。在设计过程中，应该先有一个大致的粗算，得出规划设计方案中各类用地面积的大小、所占总用地面积的比例、总户数、绿地率等大概指标，进行小区规划设计方案的初评，并根据所得结果，对原有方案进行修改，使之优化。

指标的精确计算是在完成方案设计之后进行的一项成果分析与表达的工作，包括居住户套数、居住人口、户均人口、总建筑面积、居住区用地内建筑总面积、住宅面积、公建面积、预留公建用地内建筑总面积、住宅建筑基地面积、居住区内建筑总基地面积、住宅平均层数、人口毛密度、容积率、住宅建筑净密度、绿地率等。

利用 AutoCAD 中的 area 或 list 命令，可以获得闭合 pline 线所围合的区域面积，从而计算规划设计中的地块面积、建筑单体单层面积。用 dist（简写"di"）命令可以测量道路的长度，各级道路的宽度在规划中已经确定，由此可以推算道路面积。用 bcount 命令可以计算所选择的块个数，用来统计各种户型的住宅单元数（注意不同层数的住宅单元）。

4.2.1　指标的粗算

通过 AutoCAD 的辅助计算，结合 Microsoft Excel 软件，本实例经户数粗算，结果见表 4-1。

居住小区户数指标粗算　　　　　　　　　　　　　　　表4-1

户型	4层单元数	4层户数	5层单元数	5层户数	6层单元数	6层户数	12层单元数	12层户数	总户数
A	0	0	5	50	17	204	0	0	254
B	1	8	2	20	17	204	0	0	232
C	1	8	12	120	66	792	0	0	920
D	0	0	0	0	0	0	4	132	132
E	0	0	0	0	0	0	3	99	99
合计	2	16	19	190	100	1200	7	231	1637

注：• 居住小区总户数 = 不同房型单元居住户数之和 = 不同层数单元居住户数之和

本实例中：居住小区总户数 =A 户 +B 户 +C 户 +D 户 +E 户 =4 层户 +5 层户 +6 层户 +12 层户 =1637 户

• 不同房型单元居住户数 = （不同层数 ×2× 该房型单元数）之和

以本实例中的 A 房型单元为例：A 房型单元居住户数 =5×2×5+6×2×17=254 户

• 不同层数住宅居住户数 = 层数 ×2× 该层数单元总数

以本实例中的 6 层单元为例：6 层单元居住户数 =6×2×100=1200 户

4.2.2　指标的精确计算

通过 AutoCAD 的辅助计算，结合 Microsoft Excel 软件，进行汇总、精确计算，本实例各项指标结果见表 4-2。

居住小区技术经济指标计算　　　　　　　　　　　　表4-2

项目	计量 单位	数值	所占比重(%)	人均面积(m^2/人)
规划区总用地	hm^2	22.19	—	—
1. 居住区用地	hm^2	17.06	100.00%	31.58
(1)住宅用地	hm^2	9.93	58.21%	18.38
(2)公建用地	hm^2	0.95	5.57%	1.76
(3)道路用地	hm^2	3.16	18.52%	5.85
(4)公共绿地	hm^2	3.02	17.70%	5.59
2. 预留公建用地	hm^2	2.01	—	—
3. 其他用地	hm^2	3.12	—	—
居住户套数	户(套)	1637	—	—
居住人口	人	5402	—	—
户均人口	人/户	3.30	—	—
总建筑面积	万m^2	21.95	—	—
1. 居住区用地内建筑总面积	万m^2	19.09	100.00%	35.34
①住宅建筑面积	万m^2	18.55	97.17%	34.34
②公建面积	万m^2	0.54	2.83%	1.00
2. 预留公建用地内建筑总面积	万m^2	2.86	—	5.29
住宅建筑基地面积	万m^2	2.94	—	—
居住区内建筑总基地面积	万m^2	3.35	—	—
住宅平均层数	层	6.3	—	—
人口毛密度	人/hm^2	317	—	—
容积率（住宅区）		1.12	—	—
住宅建筑净密度	%	29.6%	—	—
绿地率	%	40.0%	—	—

综合技术经济指标系列一览表（摘自城市居住区规划设计规范，2002年） 表4-3

项目	计量 单位	数值	所占比重(%)	人均面积(m²/人)
居住区规划总用地	hm²	▲	—	
1．居住区用地(R)	hm²	▲	100	▲
①住宅用地(R01)	hm²	▲	▲	▲
②公建用地(R02)	hm²	▲	▲	▲
③道路用地(R03)	hm²	▲	▲	▲
④公共绿地(R04)	hm²	▲	▲	▲
2．其他用地(E)	hm²	▲	—	
居住户(套)数	户(套)	▲	—	—
居住人数	人	▲	—	—
户均人口	人/户	▲	—	—
总建筑面积	万m²	▲	—	
1．居住区用地内建筑总面积	万m²	▲	100	▲
①住宅建筑面积	万m²	▲	▲	▲
②公建面积	万m²	▲	▲	▲
2．其他建筑面积	万m²	△	—	—
住宅平均层数	层	▲	—	—
高层住宅比例	%	△	—	—
中高层住宅比例	%	△	—	—
人口毛密度	人/hm²	▲	—	—
人口净密度	人/hm²	△	—	—
住宅建筑套密度（毛）	套/ha	▲	—	—
住宅建筑套密度（净）	套/ha	▲	—	—
住宅建筑面积毛密度	万m²/hm²	▲	—	—
住宅建筑面积净密度	万m²/hm²	▲	—	—
居住区建筑面积毛密度(容积率)	万m²/hm²	▲	—	—
停车率	%	▲	—	—
停车位	辆	▲	—	—
地面停车率	%	▲	—	—
地面停车位	辆	▲	—	—
住宅建筑净密度	%	▲	—	—
总建筑密度	%	▲	—	—
绿地率	%	▲	—	—
拆建比	—	△	—	—

注：▲必要指标；△选用指标。

4.3 设计成果的分析与表达

方案设计完成之后，就要着手考虑如何将方案和构思更好地表现出来，并通过分析图反映设计过程中所考虑的因素，同时突显方案的特色。成果的分析与表达是对设计者设计过程与结果的展示。成果分析与表现，一般包括各类分析图、平面效果图、三维效果图等。

4.3.1 平面效果图的制作

平面效果图是在 CAD 平面图的基础上进行色彩渲染得到的，常用的方法是将 CAD 平面图导入 Photoshop 软件进行渲染操作。具体操作如下：

(1) 在 AutoCAD 中打开居住小区 CAD 平面图

(2) 添加虚拟绘图仪：

◆ 打开【文件】/【绘图仪管理器】

◆ 点击"添加绘图仪向导"快捷方式打开向导，点击"下一步"/……

◆ 在生产商一栏中选择"光栅文件格式"，在型号一栏中选择"TIFF Version6（非压缩）"，如图 4-3 所示。

◆ 点击"下一步"/"下一步"，便完成虚拟绘图仪的添加设置

(3) 将 CAD 平面图分层转换成光栅文件（tiff 格式）

◆ 在 CAD 平面图中，选择需要转换的图层，将其他图层关闭

◆ 打开平面图文件，选择【文件】/【打印】，打印机名称选择"TIFF Version6（非压缩）"，如图 4-4 所示。

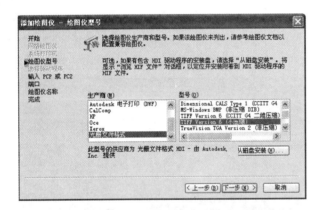

图4-3　添加虚拟绘图仪

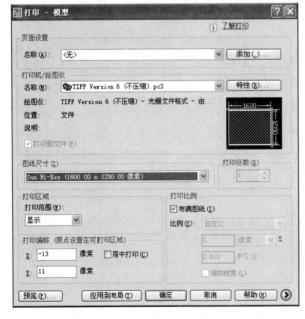

图4-4　选择打印机

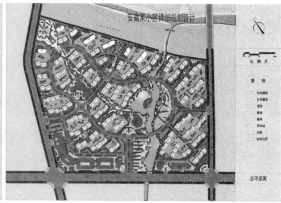

◆ 通过窗口选择需要打印的区域，并确定，即将所选择的 CAD 图层转换为 tiff 文件格式

◆ 用同样的方式转换其他图层

（左）图4—5　小区平面色彩填充图
（右）图4—6　小区平面效果图

⚠ 注意：

★ 各图层转换的时候，窗口选择要统一，避免随后的渲染操作中出现图层不能重合的误差，一般利用图框作为窗口选择参照。

（4）分层渲染各图层 tiff 文件

◆ 打开 Photoshop 软件

◆ 在 Photoshop 中双击绘图区，打开所选图层 tiff 文件

◆ 用磨棒选择需要进行色彩渲染的区域

◆ 选择所需的填充色彩

◆ 按下 Alt+delete 键，即完成了对该层的色彩填充

◆ 打开其他图层 tiff 文件

◆ 按住 shift 键将其拖入上一个图片文件中，使各图层位置不变

◆ 通过魔棒选区，将需要渲染以外的部分 delete

◆ 对需要渲染的部分进行色彩填充，操作同上

这样，就可以得到一张基本的小区平面色彩填充图，如图 4-5 所示。

在此基础上，可通过 Photoshop 的各种图片处理功能，如渐变、添加阴影以及添加细节元素等等，对平面图进行进一步美化与加工，之后再对文字进行相应的添加和处理，即可得到一张平面效果图。如图 4-6 所示。

⚠ 注意：

★ 有些 CAD 转换过来的层如树、建筑 [在 AutoCAD 中为闭合的多义线（pline）或圆（circle）]，在 Photoshop 中可用魔棒先选择空白的区域，再反选，从而达到选择所有的目的。

★ 平面渲染要注意各图层的叠放顺序，道路、绿化、河流等图层置

于底端，树、建筑等图层置于顶层，从而平面层次更真实清晰。

★ 建筑阴影的制作技巧：首先复制建筑平面的层，变为阴影的黑色，然后通过不断 45°方向复制，得到一定厚度的阴影。

★ 如需了解 Photoshop 的详细功能与操作，可参考专门的参考书。

附：Photoshop 快捷键使用

（1）为提高制图速度，可以通过按快捷键来快速选择工具箱中的某一工具，各个工具的字母快捷键如下：

选框——M；移动——V；套索——L；魔棒——W；

喷枪——J；画笔——B；铅笔——N；橡皮图章——S；

历史记录画笔——Y；橡皮擦——E；模糊——R；减淡——O；

钢笔——P；文字——T；度量——U；渐变——G；

油漆桶——K；吸管——I；抓手——H；缩放——Z；

默认前景和背景色——D；切换前景和背景色——X；

编辑模式切换——Q；显示模式切换——F。

另外，如果按住 Alt 键后再单击显示的工具图标，或者按住 Shift 键并重复按字母快捷键则可以循环选择隐藏的工具。

（2）缩放工具的快捷键为"Z"，此外"Ctrl + 空格键"为放大工具，"Alt + 空格键"为缩小工具，但是要配合鼠标点击才可以缩放；相同按 Ctrl + "+"键以及"－"键分别也可为放大和缩小图像 Ctrl + Alt + "+"和 Ctrl + Alt + "－"可以自动调整窗口以满屏缩放显示，使用此工具就可以无论图片以多少百分比来显示的情况下都能全屏浏览。如果想要在使用缩放工具时按图片的大小自动调整窗口，可以在缩放工具的属性条中点击"满画布显示"选项。

4.3.2 分析图的绘制

分析图一般包括：功能结构分析，交通组织分析，景观系统分析等，用来反映、强化设计者的立意与构思，综合体现设计方案的优点与特色。分析图一般是在 CAD 的平面基础上加入分析元素，然后再通过 Photoshop 进行处理制作而成。

具体绘制过程如下：

（1）CAD 阶段

◆ 在总平面图的基础上加绘分析元素，例如景观轴线，景观节点，空间轴线，各级道路，景观渗透等等，线条形式一般采用 pline 线

◆ 输入命令 pedit（简写"pe"）

◆ 选择某一类分析元素的线条

◆ 当提示"是否将其转换为多段线（y）"时，回车确定，将其转化为多段线

◆ 输入 w，并根据所需分析线条的宽度设置线宽值

◆ 利用命令"ch"，根据需要对分析元素的线型进行调整，选择合适的线型如：点划线、虚线等（如果线型下拉列表框中没有所需线型，可以通过加载选择）

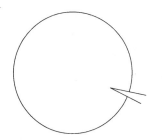  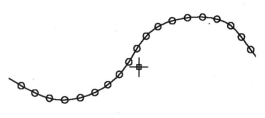

图4-7　圆形（虚线）分析　　图4-8　圆形（虚线）分　　图4-9　利用measure命令绘制分析图
　　　　图绘制过程示意　　　　　　　析图绘制

⚠ **注意：**

★ 如果分析元素为圆，例如景观节点等，必须经过处理才能转化为 pline 线，从而进一步进行线宽设置。具体操作为：画一条 pline 线与圆交于两点，两点间的距离尽可能小，使用 trim（修剪，简写"tr"）命令将圆在 pline 线中间部分剪切掉，如图 4-7 所示，再使用命令"pe"，将剪切后的圆转换成 pline 线。其余操作同上，完成后的成果如图 4-8 所示。

★ 分析图的绘制还可以使用 measure 命令，用来绘制不同形态的分析线条，比如圆点虚线等等，具体操作如下：

◆ 根据分析要求，画一条 pline 线或者样条曲线，作为 measure 的路径
◆ 将所需绘制的分析线条的单个形状设置为块，定义块名
◆ 输入命令 measure，简写"me"
◆ 选择所画 pline 线或样条曲线作为定距等分对象
◆ 命令 _i
◆ 输入定义的块名
◆ 命令 _y，将块与路径对齐
◆ 指定块沿着路径方向的间距

这样便可以得到一条沿着设定路径绘制的分析线条，如图 4-9 所示

◆ 将平面图作为一个图层虚拟打印，转成 tiff 文件，作为分析底图
◆ 将各分析元素按照需要分层虚拟打印，转成 tiff 文件

这样，CAD 阶段分析图的制作便完成了。

(2) Photoshop 处理阶段

运用 Photoshop 进行分析图绘制的方法，同渲染平面图的原理是一样的。

◆ 将平面图图层作为底板，一般不作色彩渲染。
◆ 新建一个图层，底色设置为白色，调整透明度，从而将底图虚化。
◆ 分层导入各分析图层，进行相应的色彩填充。
◆ 运用渐变、设置透明度等操作添加分析图效果。

居住小区规划主要的分析图如图 4-10、图 4-11、图 4-12 所示。

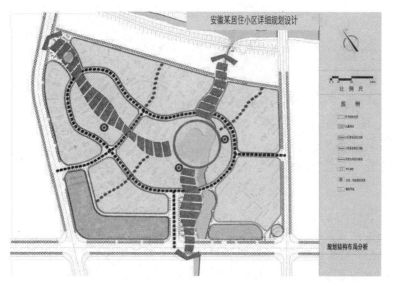

图4-10　功能结构分析图

图4-11　道路交通系统分析
　　　　图

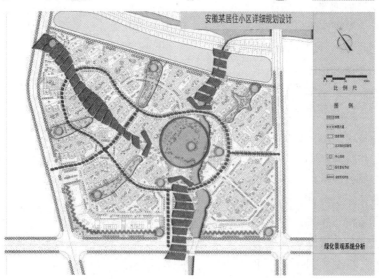

图4-12　绿化景观系统分析图

4.3.3 三维效果表现图的制作

立体效果表现图的制作有多种方式，可以将实体模型拍成数码照片，再进行照片处理得到，也可以通过 3dsMax 进行 CAD 模型的渲染得到。

（1）利用实体模型照片形成效果图

图 4—13，即为一张通过将模型照片进行处理后得到的效果表现图。

图4—13　利用模型照片处理的效果图

具体制作方法为：

◆ 在 Photoshop 软件中打开模型照片。

◆ 删除照片中模型底座以外的部分。

◆ 新建图层选择小区外围道路之外的区域，统一填充某种合适的颜色。

◆ 根据需要通过滤镜中的模糊等滤镜工具对照片进行进一步加工处理。

这样，就得到了一张通过实体模型照片处理后的三维效果表现图。这种方法相对比较简单，制作好实体模型之后采用比较方便。

（2）通过 3dsMax 进行模型渲染得到效果图

可以在 CAD 三维建模的基础上，将其导入 3dsMax 进行建筑以及环境的渲染操作，并结合 Photoshop 进行图片处理。

具体操作如下：

◆ 打开 3dsMax。

◆ 导入 CAD 平面图。

◆ 在 CAD 平面图的基础上将各建筑单体外轮廓线进行拉伸，得到建筑实体。

◆ 进一步完善建筑形态（如有兴趣,具体操作参见 3dsMax 的参考书）。

◆ 单击工具栏中的按钮▓，在弹出的材质编辑器对话框中选择一个空白的示例球，将其命名为"底图"。

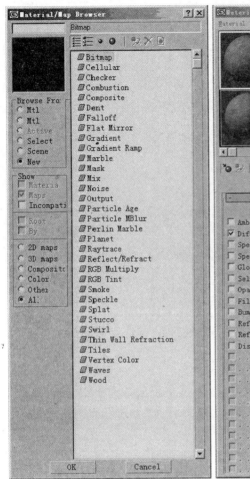
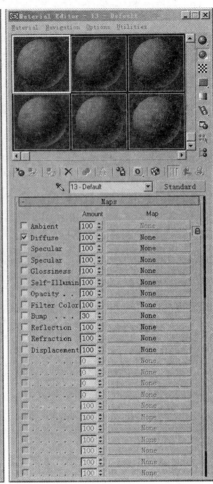

（左）图4—14 Material/Map
          Browser（材质/
          贴图浏览器对
          话框）
（右）图4—15 Material Editor
          对话框

◆ 在 Maps 卷展栏中钩选 diffuse 选项，并点击其右侧的按钮
，在弹出的 Material/Map Browser（材质／贴图浏览器对
话框）（图 4—14）中双击 Bitmap 选项，如图 4—15 所示。

◆ 在弹出的选择位图图像文件对话框中，选择前面已经完成的平面
渲染图照片，作为贴图文件，再单击 按钮，如图 4—16 所示。

◆ 在坐标系卷展栏中设置 Tilling 参数如图 4—17 所示。

◆ 选择基地中各项内容的外轮廓线，将其拉伸成不同高度的实体，
拉伸距离不宜过大。

◆ 单击 按钮，将贴图材质赋给整个基地底面，作为效果图的底图。

◆ 根据需要设置灯光，为了给模型以真实的感觉，往往采用全局光
（根据经验设置好的灯光，如有兴趣，可以进一步阅读 3dsMax 相关参考书）
给模型打灯光。

◆ 打开文件 merge 对话框，选择全局光（可以在互联网上下载文件），
打开，从而给模型加上全局光。

◆ 打开工具选项中的 Light Lister 选项，将全局光参数调整为图 4—18 所示。

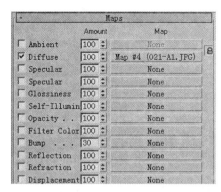

图4-16 贴图文件的设置

图4-17 坐标设置

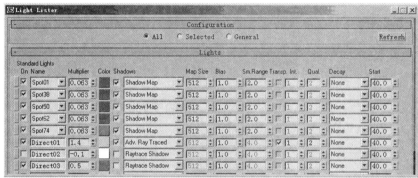

图4-18 灯光设置

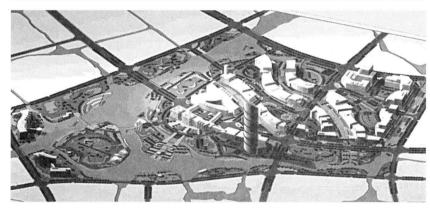

图4-19 简单三维渲染图的
制作

这样，就得到了一张通过平面渲染图贴图作为底图的 3D 效果图了，如图 4-19 所示。

⚠️ **注意：**

★ 全局光各光源的目标点必须保证设置在一个焦点上，才能产生写实的效果。

★ 全局光的聚光焦点一般设置为坐标原点，因此，在作图时，必须将所设置的聚光焦点放在坐标原点上。

★ 全局光各光源还可以进行阴影颜色、阴影范围、阴影路径等参数的调整，可以根据自己的需要，进行调节。注意：为了让光源阴影真实有效，map size 一项参数的设置一般为 512 的倍数，例如：512，1024，1536 等等。

通过以上各类成果表现与分析图的制作，便完成了居住小区的详细规划设计的大部分内容。当然作为完整的规划成果，还需要进行小区的燃气、电力电信、给水排水等市政工程规划设计，这里不再详细论述了。

4.4 城市居住区计算机辅助规划设计

作为城市居住区，其规划用地面积比居住小区更大。它一般由若干个大小不同的居住小区、居住区公共服务中心以及居住区级公共绿地等内容组合而成。规划居住人口数量相对较多，涵盖面较广，规划要素比较复杂。居住区规划设计与居住小区规划设计又有不同的要求。下面将介绍居住区计算机辅助规划设计中的一些要点。

4.4.1 区位分析

进行居住区规划时，首先需要进行居住区的区位分析。区位分析图的内容一般包括：居住区所在城市的位置，与城市整体功能的关系等。

区位图的绘制也是将 CAD 分析图导入 Photoshop，根据需要进行图面着色与处理，一般以城市总体规划图作为背景。注意突出表现规划设计的地块，可以将底图变灰。如图 4-20 所示。

4.4.2 现状分析——航空影像图的利用

现状分析主要是对基地现有用地进行整体分析。可以充分利用航空影像图或卫星遥感图，进行解读、分析与综合，结合现状调研，得到基地现状用地性质与建筑质量等，从而进行现状图的绘制，如图 4-21 所示。

4.4.3 总平面图

居住区的总平面图绘制方式与居住小区总平面图绘制方式一样，但是，由于用地规模的成倍扩大，居住区总平面图要素的表现，特别是环境设计，应简洁明了。如图 4-22 所示。

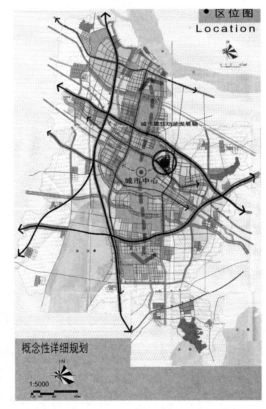

图4-20　区位图

4.4.4 分析图

居住区的分析图具体制作方法同居住小区，成果如图4-23、图4-24所示。

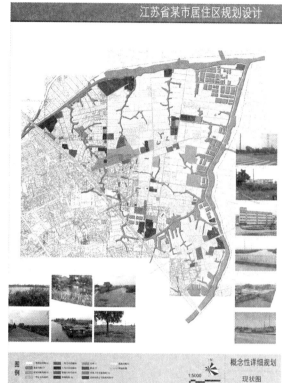

图4-21 现状图

图4-22 总平面图

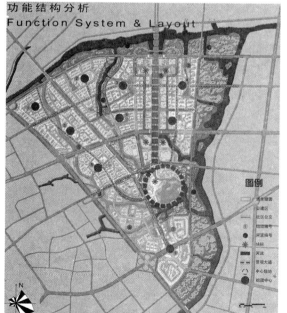

图4-23 功能结构分析

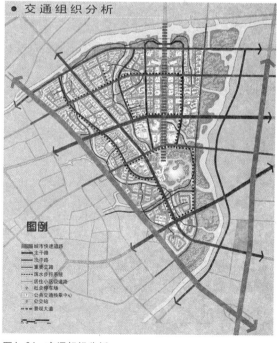

图4-24 交通组织分析

本章小结

关于居住小区三维建模，目前可以使用三种软件：AutoCAD、3dsMax 和
SketchUp。如果已有 CAD 平面，利用 AutoCAD 的块替换功能建模比较快速、方便。
3dsMax 的渲染功能强，建议可以将 AutoCAD 建好的模型导入 3dsMax 进行渲染。
SketchUp 基于草图设计，其建模过程与设计过程结合较好，适合边设计、边建模、
边推敲、边修改，将在第 11 章予以介绍。分析图的绘制也可以根据不同的情况采
用不同的方法，本章使用 AutoCAD 和 PhotoShop 软件结合来绘制正式成果。实践
中也可以使用其他软件，如 Microsoft Office 系列的 Visio、PowerPoint 等迅速生
成各种分析图和示意图。

5 环境规划设计

环境规划设计往往被简单地理解为在城市规划设计基本定局之后"添绿加彩"，但随着物质、文化生活水平的提高，环境在城市规划设计中的重要性不断提升。从规划早期论证阶段对原始自然景观（如地形、水系等）改造合理性的分析开始，一直到局部建设地块中规划绿地的修建性设计，与城市规划的结合日益紧密。

第5、6章将在着重介绍 AutoCAD 的平面设计及借助 Photoshop 进行渲染表现、Autodesk Civil 3D 2006 的场地分析及土方量计算功能的同时，对 AutoCAD 的三维建模功能也作一些介绍。

本章重点
1．利用 AutoCAD 辅助平面环境设计及表达。
2．利用 Photoshop 进行平面环境设计的渲染表现。
3．利用 AutoCAD 进行环境的三维建模。

5.1　平面设计

AutoCAD 可通过一系列绘图命令来绘制各种具有规则几何形状和不规则几何形状的平面图形实体，如直线段、圆弧、方形、圆形、不规则曲线等，也可通过一系列编辑命令对图形实体进行修改编辑，并可利用图形库功能重复调用图形实体，大大提高绘图的便捷性。因此，在 AutoCAD 辅助环境规划设计时，可利用不同的绘图命令来绘制表达特定的图形要素，通过灵活使用各种编辑命令来帮助绘制、修改景观图形，并充分利用图形库功能来简化环境规划设计的制图过程。

环境规划设计涉及的图形要素主要包括植物、岸线、山石、铺地、等高线等，可分别采用不同的绘制方法。具体见表5-1。

环境规划设计图形要素的具体绘制方法还与出图要求密切相关。如果是出黑白图纸，可简单按照表5-1的方法操作。如果要出彩色图纸，则必须在所有要素绘制完成后，在 AutoCAD 或到 Photoshop 中再进行色彩渲染和材质填充。在 AutoCAD 中进行这一工作，必须将所有线性图形的实体颜色改为黑色，然后通过 Hatch 命令利用 Solid 图案进行填充并设定颜色来渲染并输出，色彩的选择性较少。到 Photoshop 中进行这一工作，则可以充分利用 Photoshop 强大的色彩处理和表现功能来方便地获得更富表现力的图纸。

城市规划环境平面表现一般是在已有规划设计图（包括建筑和道路定位）的基础上继续进行。接下来将继续上一章居住小区规划的实例来详细介绍在 AutoCAD 中进行城市规划环境平面设计的具体过程，以及在 Photoshop7.0 中进行图形填充的方法。

图形要素	要素细分	图例示例	基本绘制方法及说明
植物	乔木		单独的乔木可使用绘制圆和直线的 Circle 和 Line 命令来绘制，也可通过插入现成的块图形（文件内部块或外部块）来实现。种植组合则可通过 Copy（复制）、Array（阵列复制）、Divide（线段等分）、Measure（线段等距丈量）等编辑命令来实现
	树林		可利用绘制云朵线的 Revision Cloud 命令来绘制，需要按树冠的实际尺寸对最小的和最大的弧长进行设置
	灌木丛		同样可利用 Revision Cloud 命令来绘制。但灌木丛与树林的云朵线弧形方向相反，可利用 Revision Cloud 命令中的 Object 子命令改变云朵线的弧形方向
	草坪		在黑白图中往往不予表现。如确实需要表现手绘图中的打点效果，可使用 Hatch 命令利用 Dots 图案进行图形填充来绘制，但打点效果是规则的。彩色图中则可通过色彩渲染或材质填充表现
岸线	自然岸线		使用 Pline 命令绘制多义线并转变为样条多义线，然后使用 Offset 命令进行平移复制。线宽可在绘制时赋予多义线宽度，也可在打印时设置加粗的笔宽
	规则岸线		可使用绘制多边形、四边形、圆等规则图形的 Polygon、Rectangle、Circle 等命令来绘制闭合的岸线，也可使用 Pline（直线与弧线组合）、Line 和 Mline（等宽的沟渠）等命令来绘制闭合或不闭合的岸线，然后使用 Offset 命令进行平移复制。线宽处理同自然岸线，平移复制的多边形需用 Explode 命令打散
山石	组石		可使用 Pline 命令绘制多义线并转变为样条多义线，利用界标编辑加工实现单石的绘制，并以此为母体通过 Copy（复制）、Move（移动）、Rotate（旋转）、Trim（修剪）等编辑命令来进行设计组合
	假山		规模较小、表达简略的假山可通过组石的绘制办法实现，并使用 Pline 命令以带宽度的多义线描边。设计要求较高的假山可通过扫描手绘底图，使用 Pline 命令描图的办法实现。由于假山绘制比较复杂，平时应注意保存积累此类素材，以便能够通过插入现成的块图形方便地实现
铺地	—		可通过 Hatch 命令，借助 AutoCAD 的图形填充功能来绘制。图案特殊的小块铺地也可通过自定义图案来填充绘制，或者完全使用相应的绘图命令来单独绘制
等高线	原始等高线		可使用专门用于绘制样条曲线的 Spline 命令来绘制闭合或不闭合的原始等高线，注意采用虚线线型。如需要利用等高线建立三维地形模型，则应用样条多义线来绘制
	设计等高线		绘制方法同原始等高线，注意采用实线线型。如需要利用等高线建立三维地形模型，则应用样条多义线来绘制

5.1.1 图形文件的组织管理

利用 AutoCAD 辅助城市规划环境平面设计，图形文件的管理同样应遵循前两章提及的要点，即严格保持图形的原有坐标，并使用图层和块来组织管理图形文件，以便于整个方案后期的整合。

因此，首要的工作是在已有图形文件的基础上针对环境平面设计的需要进行统一的图层设置，具体步骤如下：

◆ 打开已有规划图形文件，另存为新的工作文件并重新命名，如"环境设计 .dwg"。

◆ 利用图层管理器对图形的显示进行调整，将放置与环境设计无关的图形内容的规划图层冻结掉，使图形只显示道路、建筑等基本要素（图5-1）。

◆ 添加一系列新的工作图层并进行图层特性设置，以放置相应的环境图形要素便于进行管理。一般可添加"1green（绿化）、1water（水体）、1ground（场地）、1hatch（铺地）、1sculp（小品）、1others（其他）"等工作图层（图5-2）。

图5-1 规划设计图（AutoCAD格式）的整理

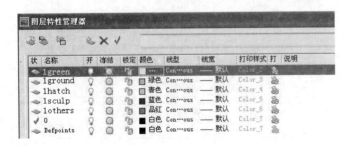

图5-2 建立工作图层并设置图层特性

⚠️ 注意：

★ 如已有图形文件中无关的图形内容和图层太多，或图形文件量太大，也可以在上述图层设置工作完成后，利用 wblock 命令将该图形文件中对于接下来的环境设计有用的部分转成块文件保存，作为新的工作文件。

★ 在转块文件前，应将原始地形图所在的图层打开，以保证原始地形不丢失，供后面设计时进行必要的参考。

★ 另外在转块文件时，插入点应定义为（0，0）点，以确保新的工作文件与原文件坐标一致。

★ 如环境规划设计需要与城市规划同步进行，即规划图形文件尚在规划修改过程中，也可以新建"环境设计.dwg"工作文件，然后将已有图形文件作为外部参照加以引用。

★ 如环境规划设计比较仔细，也可以根据各人的习惯将工作图层再进行细分，以便于后期的管理操作。例如所有树木、林带和灌木丛应放在不同的层上，以便于三维建模时可以方便地控制非树木层的可见性。

5.1.2 景观水体设计

景观水体的设计应遵循下列原则：

• 充分结合原有地形条件，利用现状水体和低洼地，参照规划的建筑、场地和道路布置来进行布局设计。

• 充分考虑建成后的维护管理的便利，设计水体应连续且自成体系、线型流畅，并尽可能与自然水系连通。

• 人工水景宜精不宜多、宜浅不宜深，在设计时就应充分考虑到平时的枯水景观。

本例中景观水体的具体设计和绘制过程如下：

◆ 将"水体"图层置为当前层。

◆ 关闭所有非当前层，再打开原始地形图所在的图层，对原始地形进行判读，识别处于图形上部的现有河道并选定图 5-3 中的 A 处低洼部分作为中心水景的选址。

◆ 执 行 pline（简写"p"）命令，沿现有河道及 A 处的边界连续

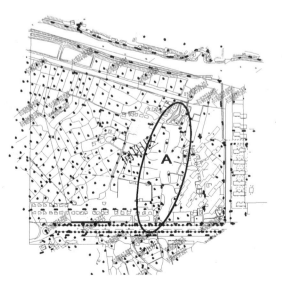

图5-3 景观水体选址

选点，完成设计水体一边的岸线草图（图5-4-1）。

◆ 同样绘制设计水体另一边的岸线草图（图5-4-2）。

◆ 用 pedit（简写"pe"）／"s"命令将两条岸线转成样条多义线，并打开所有非当前层，以规划建筑和道路作为参照，利用界标点进行岸线线型的修改，直到获得满意的岸线线型后再次关闭所有非当前层(图5-4-3)。

◆ 用 pedit（简写"pe"）／"w"命令将两条岸线设定合适的宽度（图5-4-4）。

◆ 执行 offset（简写"o"）命令，将两条岸线分别向内平行复制一定的距离（图5-4-5）。

◆ 打开所有非当前层并进行检查，用 Trim（简写"t"）命令将所绘制的岸线与规划设计图形相交的部分修剪掉（图5-5）。

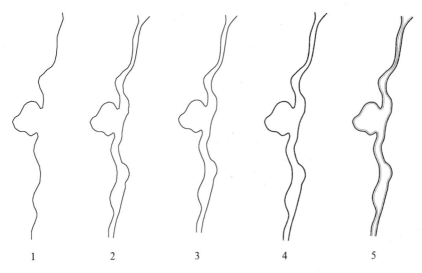

1　　　　2　　　　3　　　　4　　　　5

图5-4　水体岸线设计

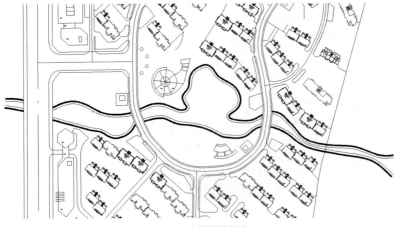

图5-5　水体岸线检查

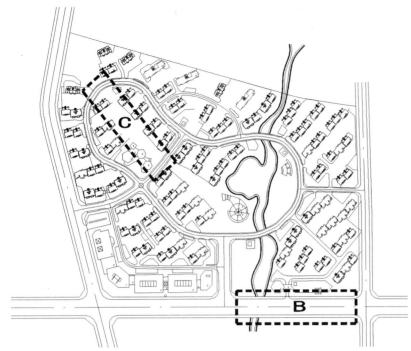

图5-6 种植设计示例

5.1.3 种植设计

在城市规划环境平面设计中，种植设计一般涉及行道树的绘制及具体绿地地块的植物配置，下面分别以图5-6中B路段和C块绿地为例，加以说明。

(1) 行道树的绘制

◆ 将"绿化"图层置为当前层。

◆ 执行 line（简写"l"）命令，在B路段人行道上距道牙线适当距离绘制一条与道牙线平行的种植辅助线。这一种植的辅助线也可通过 offset 道路缘石线获得（图5-7）。

◆ 执行 circle（简写"c"）命令，用最近点捕捉该辅助线一端上的点为圆心绘制直径为 5 ~ 10m 的圆作为树冠，并用 line（简写"l"）命令添加树枝，完成如图5-8所示的单棵行道树(也可以使用平时收集来的图库)。

◆ 执行 block（简写"b"）命令，将该单棵行道树定义为行道树块。

◆ 执行 measure（简写"me"）命令，选择"b"选项，选择以画好的种植辅助线将该行道树块以树冠直径为间隔等距插入（图5-9）。

(左) 图5-7 种植行道树的
　　　　　辅助线
(右) 图5-8 单棵行道树的
　　　　　绘制

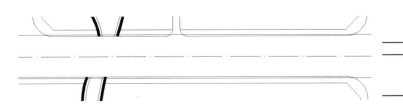

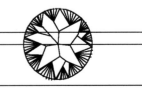

◆ 执行 erase（简写"e"）命令，删除种植辅助线及多余的行道树（如位于道路交叉口、河道桥梁上），完成该路段的行道树绘制（图5-10）。

（左）图5-9　利用measure命令绘制的行道树

（右）图5-10　删除多余的行道树及种植辅助线

⚠ **注意：**

　　★　如不绘制种植辅助线，也可直接利用缘石线进行行道树绘制，在绘制完成后将所有行道树用move命令往人行道内侧移动一定的距离（因为树穴的位置应该在人行道上，即道路缘石线内侧偏移一定的距离，具体偏移的距离取决于道路断面设计）。

　　(2)　具体绿地地块的植物配置

◆ 将"绿化"图层置为当前层。

◆ 执行 circle（简写"c"）命令和 line（简写"l"）命令，完成如图5-11所示的两种单棵树，并执行 block（简写"b"）命令，将它们分别定义为块（也可以使用平时收集来的图库）。

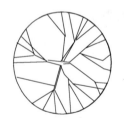 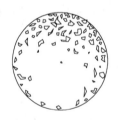

图5-11　两种单棵树

◆ 在图5-6中C块绿地的适当位置插入这两种单棵树的块，并用scale（简写"sc"）命令调整它们的比例。

◆ 执行 copy（简写"co"）命令，利用多重复制功能分别选中所插入的树块在合适的位置进行选点复制，最终形成图5-12所示的植物配置效果。

⚠ **注意：**

　　★　图形中所有的树必须以块的形式存在，以便于后期对某种树的表现形式不满意时，可以通过重定义块或块替换来方便地修改图形。

　　★　由于图形中所有的树都是块，因此种植设计完成后图形文件量会大大增加。为加快之后的设计作图工作，建议在种植设计完成后，如不再需要参照绿化进行设计，可以及时将"绿化"图层冻结掉。

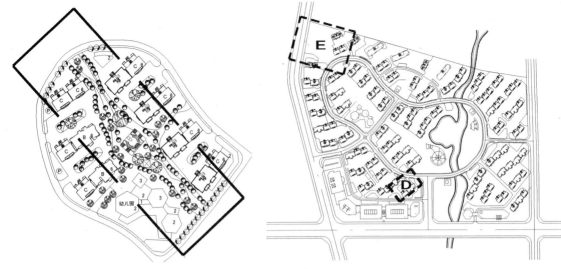

图5-12　C块绿地的植物配置　　　　　　　　图5-13　户外场地设计示例位置

5.1.4　户外场地设计及铺地绘制

在环境平面设计中，户外场地设计应紧密结合已有的交通流线，根据对规划区域内游憩组织的考虑来进行。户外场地的铺地绘制则通常采用两种方法：对于铺地形式与场地形状无几何关联的部分，可以借助 AutoCAD 的图形填充功能来实现；对于铺地形式与场地形状存在几何相关的部分，则由设计者利用各种绘图命令自行设计绘制。

由于 AutoCAD 的图形填充功能存在一定的局限性，在进行图形修改时，填充图形与填充边界的相关性往往会出一些技术问题，使得户外场地边界与铺地的同步修改难以理想地实现；而自行设计绘制铺地也比较烦琐。因此，为了避免在每次场地边界修改后都需要重新进行铺地绘制的麻烦，有必要强调将这一工作放到规划设计的最后阶段进行，也就是在所有建筑、道路和户外场地的关系都已经确定不变后，再统一绘制铺地。

下面以图 5-13 中 D、E 两处户外场地为例加以说明，其中 D 处场地的铺地绘制以图形填充功能实现，E 处场地的铺地则由设计者自行设计绘制。

（1）利用图形填充绘制铺地

◆　冻结"绿化"图层。

◆　将"场地"图层置为当前层，根据设计构想，执行 pline 命令利用多义线绘制闭合的场地边界线（图 5-14 中加粗的框线）。

◆　将"铺地"图层置为当前层。

◆　执行 hatch（"简写 h"）命令，在"图形填充和渐变色"对话框中，选择设置"NET"预定义图案及合适的填充比例和角度，利用"选择对象"功能选择填充边界，预览后按"确定"进行铺地绘制（图 5-15）。

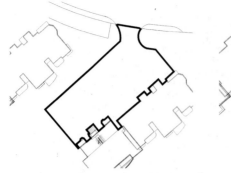

图5-14　D处场地边界线

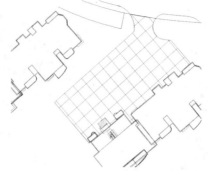

图5-15　利用hatch命令绘制铺地

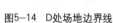 **注意：**

★　场地的边界尽量采用闭合的多义线（pline）绘制，以方便用地指标计算时使用area命令选择边界测定面积。在绘制场地边界线时，遇到曲线部分可先以arc子命令绘制，完成后再用界标点与原有线型拟合。

★　如果利用"拾取点"功能选择填充边界，需要AutoCAD对图形进行自动判读。由于AutoCAD是根据当前图形的显示范围来自动确定判读范围的，因此在执行hatch（简写"h"）命令前如果将需要进行铺地绘制的场地尽量放大，将加快这一判读过程。

★　由于AutoCAD对于图案比例和图纸比例之间的关系均未提供比较参照，因此铺地图案的尺寸只能通过反复的尝试性设置来预览确定。

★　如果铺地图案与场地边界的拟合不太理想，可通过snapbase命令捕捉场地边界的某个顶点作为铺地图案的对位点。

★　由于同一图形文件中户外场地的铺地图案会有大量的类似重复，因此每类铺地用hatch方式完成一块场地后，即可利用"图形填充和渐变色"对话框中的"继承特性"工具，在图上选择已有的铺地类型对其他场地直接进行填充，从而简化图案的设置过程。

　（2）自行设计绘制铺地

◆　将"场地"图层置为当前层，根据设计构想，执行pline命令利用多义线绘制闭合的场地边界线（图5-16中加粗的框线）。

◆　将"铺地"图层置为当前层。

◆　用椭圆和直线绘制场地内的铺地分割（图5-17）。

注意：

★　由于环境平面设计重在烘托表现规划方案，因此铺地的尺度不必达到现实的施工尺度，只要进行粗略划分即可。

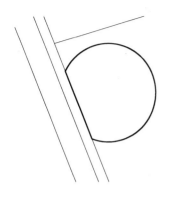
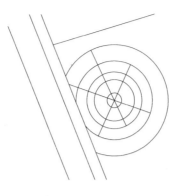

（左）图5-16　E处场地边界
　　　　　线
（右）图5-17　自行设计绘制
　　　　　的铺地效果

5.1.5　色彩渲染和材质填充

如果需要出彩色的环境平面设计图纸，为获得较为满意的效果，往往需要将 AutoCAD 平面图纸通过虚拟打印转换成 tiff 文件，再到 Photoshop 中进行色彩渲染和材质填充。基本的操作过程可参照前面第 4 章中"4.3.1 平面效果图的制作"中的内容，这里不再重复。

需要特别说明的是，环境平面设计的渲染表现对象主要是绿化、水体、建筑小品和户外场地的铺地等，由于面积较大，单纯的色彩渲染效果往往过于平淡，因此有必要借助一些现有的图形素材来生成材质，产生丰富的质感和肌理表现。

下面仍以图 5-13 中 E 处场地及其周边绿化（图 5-18）为例来加以说明。

◆　将"场地"、"铺地"和"绿化"图层分别转成适当精度的 Photoshop 可编辑文件类型（Postscript、Tiff、Tga 等），并分别以"铺地"、"绿

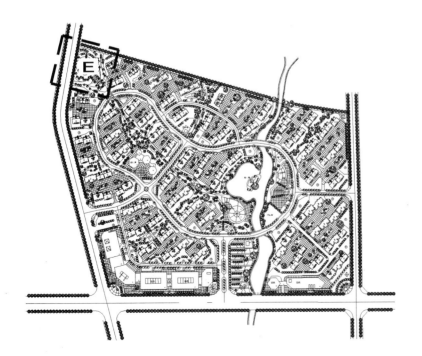

图5-18　环境平面设计的渲
　　　染表现示例位置

图5-19　图形素材文件

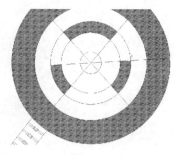

图5-20　填充外圈铺地

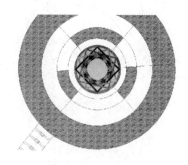

图5-21　将素材运用于设计中的铺地中

化〞命名文件，备用。

◆ 在 Photoshop 中打开〝铺地〞文件并另存为〝环境 .psd〞文件。

◆ 在 Photoshop 中选择打开图 5-19 所示的图形素材文件，使用矩形选择工具选取图中右下角部分色块,利用【编辑】／【定义图案】命名为〝铺地〞图案。

◆ 切换到〝环境 .psd〞文件,用魔棒选中外圈铺地,利用【编辑】／【填充】使用新定义的〝铺地〞图案进行填充，并调整满意的色调和明暗（图 5-20）。

◆ 使用椭圆形选择工具选取同一图形素材文件中央的图案，将其拖放到〝环境 .psd〞文件中，利用【编辑】／【自由变形】将该图案与内圈铺地较好地吻合，并调整满意的色调和明暗（图 5-21）。

◆ 在 Photoshop 中选择打开图 5-22 所示的图形素材文件，使用矩形选择工具选取图中色调较自然的部分，利用【编辑】／【定义图案】命名为〝草地〞图案。

◆ 切换到〝环境 .psd〞文件,用魔棒选中草地部分,利用【编辑】／【填充】使用新定义的〝草地〞图案进行填充,并调整满意的色调和明暗（图 5-23）。

◆ 在 Photoshop 中打开〝绿化〞文件，并按住 Shift 键将其拖入〝环境 .psd〞。这一步操作下来如果觉得树的表现还需加强，则可以根据植物的定位，进行下一步操作（图 5-24）。

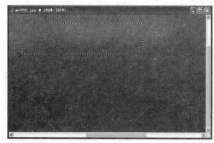

图5-22　图形素材文件

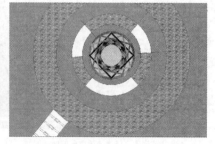

图5-23　魔棒选中草地部分进行填充

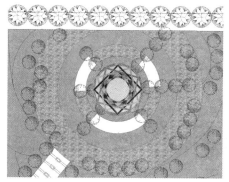

图5-24　叠加树层

图5-25　平面的树图形素材文件

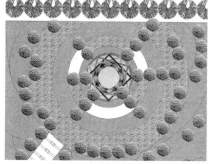

图5-26　添加平面树冠的效果

图5-27　添加阴影

◆　在 Photoshop 中选择打开图 5-25 所示的图形素材文件，使用椭圆形选择工具选取树冠部分，将其拖放到"环境 .psd"文件中，利用【编辑】／【自由变形】将其与图中的树木较好地匹配，并调整满意的色调和明暗，然后移动、复制到场地内每棵树的位置。用同样的方法添加行道树的材质（图5-26）。

◆　对渲染过程中形成的新图层进行合并整理，并对树木所在层利用"图层混合选项工具"添加阴影（图 5-27）。

⚠ 注意：

★　在 Photoshop 操作过程中会自动形成大量的新图层，应随时注意整理、合并和命名。

★　图形素材文件可以是专门的素材文件，也可以是任何与图案、色彩有关的照片。渲染效果在很大程度上取决于素材的丰富与合适，因此平时应注意这方面的积累。

5.2　环境设计三维建模

在城市规划过程中，环境设计三维建模是在规划三维建模的基础上进行的，主要是通过绿化的三维表现，丰富模型的表现力。一般情况下，为

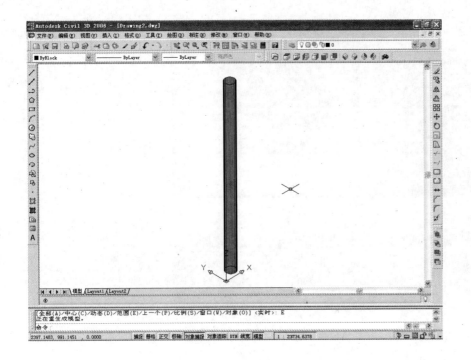

图5-28 树干的绘制

避免图面过于繁琐，绿化的三维表现往往只是以树木的简单几何体块构成。

在 AutoCAD 中，树木的简单几何体块可以通过建立一些基本几何形状的三维面实体并进行灵活的组合来实现。如果图形文件是规范化绘制的，由于树木是以块的形式存在于图形文件中的，因此可以在 AutoCAD 中环境设计的三维建模简单地通过三维树木块替换二维树木块来实现。

下面仍然延续前面的实例来说明环境设计三维建模的操作过程。

（1）树木单体建模

◆ 新建"tree1.dwg"文件并切换到三维视图。

◆ 用 elev 命令将当前厚度值设为 3.5m，然后用 circle（简写"c"）命令直接得到直径为 20cm 的圆柱面作为树干（图 5-28）。

◆ 打开"曲面"工具条，捕捉圆柱下表面的圆心作为球心，用"球面"工具绘制直径为 5～10m 的球形作为树冠，并用 move（简写"m"）命令向 Z 方向移动一个树冠半径 +3m 的距离，使树冠与树干准确插接（图5-29）。

◆ 执行 hide（简写"hi"）命令观察消隐效果并存盘（图5-30）。

⚠ 注意：

★ 以上步骤得到的是树木的三维表面模型。三维表面模型文件量小，但打印时无法消除树木表面的网格线条。

★ 如果打印时要消除树木表面的网格线条，可以利用"实体"工具条用类似的方法建立实心体模型，打印时将 dispsilh 系统变量设为 1 来消除树木表面的网格线条。

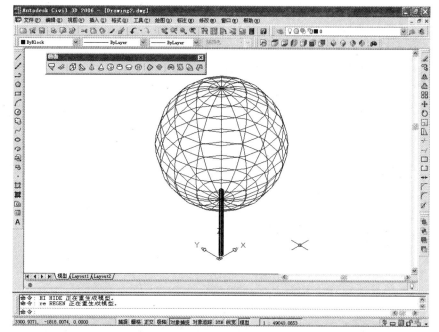

图5-29　三维树模型

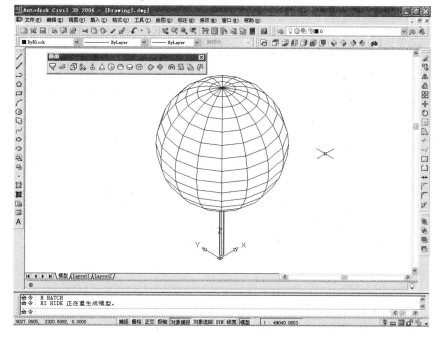

图5-30　消隐后的三维树

表 5-2 是一些常见的树木单体建模效果。

(2) 树木块的替换

◆ 打开上一节保存的"环境设计 .dwg",将刚刚绘制完成的"绿化、水体、场地、铺地、小品、其他"等工作图层以外的图层都冻结掉,执行wblock(简写"w")命令,选择所有实体对象,以 (0,0) 为插入点定义"环境建模 .dwg"块文件。

常见的树木单体建模效果				表5—2
模型类型	建 模 效 果			
表面模型				
实心体模型				

◆ 用同样的办法将规划建模工作文件中的建筑、道路图层上的内容定义为"规划建模 .dwg"块文件。

◆ 打开"环境建模 .dwg"作为工作文件，在"0"层以（0，0）为插入点插入"规划建模 .dwg"块文件，其三维视图如图5—31所示。

◆ 执行 insert（简写"i"）命令，在"输入块名或 [?]:"提示下键入"现文件中树木的块名 =tree1"，用"tree1 .dwg"替代图形中的二维树木块。

◆ 利用三维观察器选择合适的透视角度并进行消隐或着色处理即可得到三维环境建模效果（图5—32）。

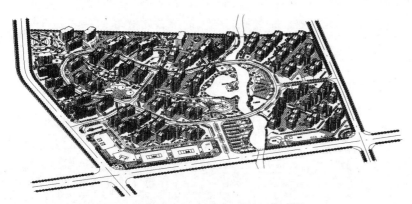

图5—31 小区三维视图（建筑三维，环境二维）

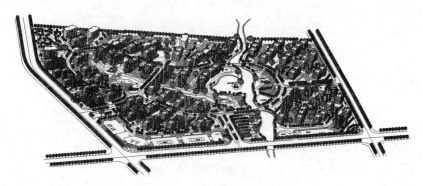

图5—32 三维环境建模效果

注意：

★ 如果图形文件中还有林带或灌木等图层，为简化图面效果，可在定义"环境建模 .dwg"块文件时将这些图层也冻结掉。

★ 通常情况下在环境三维建模中地形的起伏可以忽略不计。如果是地形起伏较大的地区，则需要首先建立三维数字地形模型，在此基础上再进行规划三维建模和环境三维建模。

★ "环境建模 .dwg"与"tree1.dwg"必须采用相同的图形单位，否则在块替代时会出现树木块比例不匹配的问题。

★ 替换树木块的操作应在平面视图下进行，可大大节约程序运行的时间。

本章小结

本章着重介绍了 CAD 技术辅助进行环境设计的两项辅助功能：

（1）平面设计，这是最为基本的 CAD 应用功能，主要是针对规划方案中环境设计的平面图形表现需要，在规划图形文件中添加植物、山石、户外场地铺装等环境要素的平面图形，以完成直观的方案平面表达。

（2）三维效果表现，这是为了评价规划方案的实际建成效果而开发的 CAD 应用功能，可利用计算机强大的数值运算功能建立精确的场地、构筑物、绿化等三维虚拟数字模型，通过光线、材质和场景素材的调节，模拟规划实现后的真实效果，并通过可自由切换观察角度和观察线路的三维观察器或动画制作来直观地进行视觉表现。

AutoCAD 系列软件可完成平面设计和三维效果表现，但其优势主要在平面设计方面。由于城市规划中的三维效果表现通常只需要表达构筑物和绿化的体块，不涉及具体的细节，而 AutoCAD 现有版本的三维建模功能虽然能建立较为精细的矢量模型，但操作比较复杂，并且还存在建立数字地形模型时的数据输入繁琐、渲染材质较少等缺陷，因此在实际工作中常常需要借助 SketchUp（用于构筑物和绿化体块的快速建模）、3ds Max（用于场景渲染和动画制作）、Photoshop（色彩、材质的渲染表现）等第三方软件或 Civil 3D 的帮助。

6 场地分析（高程、坡度）以及土方量的计算

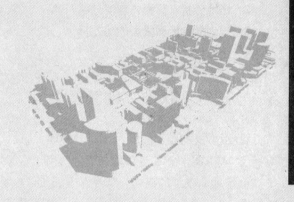

城市规划中的计算机辅助设计

Autodesk Civil 3D 是针对土木工程设计开发的，其基本原理是建立工程信息模型，在设计数据与模型间建立动态关联，从而能够即时查看、查询和显示设计、分析与修改情况。Civil 3D 的基本工作程序是先建立有效的信息模型，再对模型进行分析或修改。在环境规划设计中，最基本的工作模型就是数字地面模型。

本章重点
1. 现状数字地面模型的建立
2. 场地分析（高程、坡度分析）
3. 规划数字地面模型的建立
4. 土方量计算

6.1 建立现状数字地面模型

数字地面模型（Digital Terrain Model，简称DTM）利用离散数据（如高程点、等高线）产生连续地面模型，用于地形分析、显示。

数字地面模型的描述方法通常有三种：曲面方程、不规则三角网或方格网。在土方工程中出于描述准确、计算迅速、修改方便等考虑，通常采用三角网DTM，用大量相互连接的三角形面来拟合地面的起伏状况。其生成方式多种多样，可以来自于普通地形图，也可以由遥感影像提取。在环境规划设计中，最常用的有两种方式：一是利用点数据生成三维地形，二是利用平面等高线地形图生成三维地形。下面以"地形"文件（图 6-1）为例分别对这两种方式加以说明。在"地形"文件中，扫描的现状等高线放置在"dgx"层。

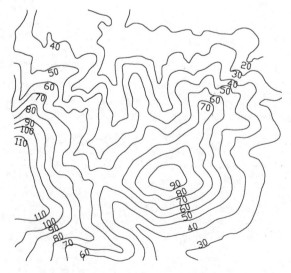

图6-1 包含等高线的"地形"文件

6.1.1 利用点数据生成三维地形

点数据是使用点坐标值和高程值来描述地形，加密数据点可以获得精细的地面模型。但是，在基础资料搜集时，很难获得规划区域的散点测量数据，往往需要对已有的等高线进行判读处理，转换成备用的点数据。

一般情况下，具体工作步骤如下：

◆ 在 Civil 3D 中打开"地形"文件，并新建"点"层和"现状地形"层。

◆ 在"工具空间"对话框"设置"中选择点样式，点击鼠标右键并选择"编辑"，打开点样式编辑对话框，在"标记"选项卡中设置点标记的样式和大小。

◆ 在"工具空间"对话框"设置"中选择点标签样式，点击鼠标右键并选择"编辑"，打开点标签样式编辑对话框，在"布局"选项卡中设置点编号、点高程及点描述等组件的样式文本高度。图 6-2 是设置完成后的点的外观。

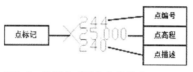

图6-2 设置完成后的点的外观

◆ 设置 50m×50m 的栅格及栅格捕捉间距，来帮助获得空间规则点。

◆ 在"工具空间"对话框"快捷信息浏览"中选择"点"，点击鼠标右键并选择"创建"，打开"创建点"工具条，利用"其他：手动"工具创建点。

◆ 根据命令行提示利用栅格捕捉按顺序选择每个点，输入点编号及高程值，在 Civil 3D 中生成点阵（图 6-3）。

◆ 在"工具空间"对话框"快捷信息浏览"中选择"点编组"，点击

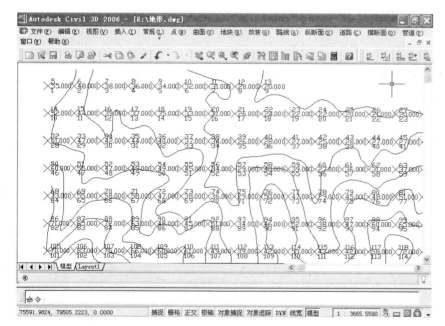

图6-3 生成点阵

图6-4 在"点编组"选项卡下钩选"所有点"

鼠标右键并选择"新建",打开"点编组特性"对话框来创建"现状地形"点编组并置于"点"层,并在"点编组"选项卡下钩选"所有点"点编组(图6-4),将已生成的点阵加入"现状地形"点编组。

◆ 在"工具空间"对话框"快捷信息浏览"中选择"曲面",点击鼠标右键并选择"新建"(图6-5),打开"创建曲面"对话框来创建"现状DTM"曲面并置于"现状地形"层(图6-6)。

◆ 在"工具空间"对话框"快捷信息浏览"中展开"现状DTM"曲面,选择"定义"中的"点编组"选项,点击鼠标右键并选择"添加",打开"添加点编组"对话框,选中"现状地形"点编组,点击"确定"将其中的点数据添加到曲面"现状DTM"中。

◆ 利用三维观察器选择合适的透视角度观察生成的现状三维地形(图6-7)。

图6-5 打开"创建曲面"
对话框

图6-6 创建"现状DTM"曲面

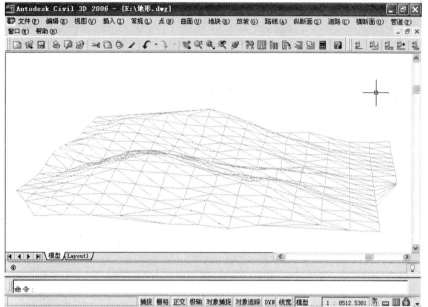

图6-7 生成的现状三维地形

<svg width="30" height="30"><polygon points="15,2 28,27 2,27" fill="none" stroke="black"/></svg> **注意:**

★ 计算机软件的发展趋势是用原始测量高程点产生不规则三角网（TIN），再用不规则三角网产生 DTM（方格网）和等高线。

★ 在缺少原始的散点测量数据的情况下，手工等间距输入高程点工作量大，准确性靠经验控制，城市规划中推荐使用等高线地形图生成三维地形。

6.1.2 利用等高线地形图生成三维地形

一般情况下，等高线地形图是最容易获得的基础地形资料，因此直接利用等高线来转换成三维地形也是最为直接的现状 DTM 建模方法。

具体工作步骤如下：

◆ 在 Civil 3D 中打开"地形"文件并另存为"地形_2"文件，新建"现状地形"层。

◆ 用拟合的 Pline 曲线描绘等高线地形图中的等高线（图6-8）。

◆ 按实际高程对 Pline 描述的二维等高线赋 Elevation 值，将其转换为三维空间的等高线（图6-9）。

（左）图6-8 Pline曲线描绘的等高线

（右）图6-9 带高程的Pline曲线

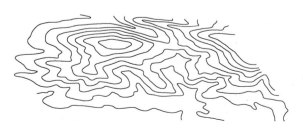

◆ 与上例同样创建"现状 DTM"曲面并置于"现状地形"层（图 6-5、图 6-6）。

◆ 在"工具空间"对话框"快捷信息浏览"中展开"现状 DTM"曲面，选择"定义"中的"等高线"选项，点击鼠标右键并选择"添加"（图 6-10），打开"添加等高线数据"对话框（图 6-11），设置顶点消除因子和补充因子后点击"确定"，在命令行的"选择等高线"提示下选取所有等高线，将等高线数据添加到曲面"现状 DTM"中。

◆ 利用三维观察器选择合适的透视角度及平面着色模式观察生成的现状三维地形（图 6-12）。

图6-10 打开"添加等高线数据"对话框

图6-11 设置"顶点消除因子"和"补充因子"

⚠ 注意：

★ 利用等高线地形图生成三维地形完全依靠 Civil 3D 的自动运算，因此只能通过"添加等高线数据"对话框中的顶点消除因子和补充因子来取得较为满意的精度，而无法通过添加点数据来进行后期的局部修正。

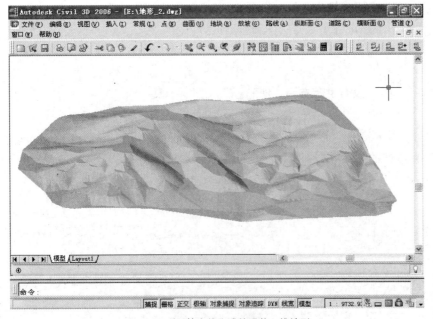

图6-12 利用等高线生成的现状三维地形

6.2 场地分析

在环境规划设计中，为了获得与基地自然条件相匹配的设计方案，往往需要对场地进行高程、坡度和坡向等分析。在创建了现状 DTM 之后，可以利用 Civil 3D 提供的一系列地形分析功能方便地完成这些分析工作。

Civil 3D 的地形分析结果是通过现状 DTM 的二维视图显示方式的变换来表现的。具体操作可通过"工具空间"对话框"设置"中的"曲面样式"选项，对相应 DTM 的曲面样式进行编辑，选择所需的二维视图显示方式并设置适当的分析参数来进行。

图6-13　打开"曲面样式"对话框

下面以对"地形"文件中的现状 DTM 进行坡度分析为例加以说明。

◆ 在 Civil 3D 中打开"地形"文件，并关闭"dgx"层和"点"层。

◆ 在"工具空间"对话框"设置"中展开"曲面"项，在"曲面样式"下选择"标准"，点击鼠标右键并选择"编辑..."（图6-13），打开"曲面样式"对话框，在"显示"选项卡中设置视图方向为 2D，部件显示"坡度"（图6-14），使现状 DTM 以坡度方式显示。

◆ 在"曲面样式"对话框"分析"选项卡中展开"坡度"选项，设置坡度分析参数（图6-15）。

◆ 点击"确定"后现状 DTM 的坡度分析显示如图6-16所示。

◆ 在"工具空间"对话框"快捷信息浏览"中展开"曲面"，选择"现状 DTM"，点击鼠标右键并选择"特性..."，打开"曲面特性"对话框，在"分析"选项卡的"分析类型"中选择"坡度"，可从"范围详细信息"栏中查询详细的分析结果（图6-17）。

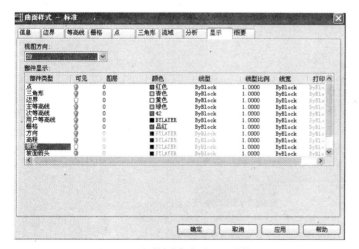

图6-14　以"坡度"方式显示现状DTM

图6-15 坡度分析参数设置

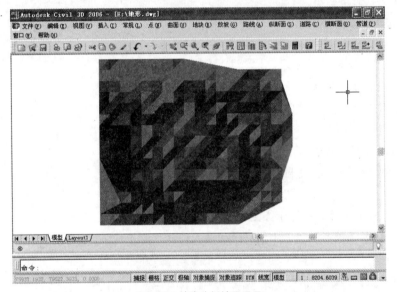

图6-16 坡度分析结果显示

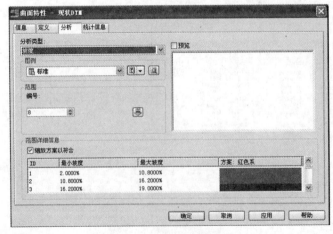

图6-17 坡度分析结果查询

◆ 在菜单中选择【曲面】／【添加图例表…】命令，在命令行"输入表类型"的提示下输入"s"，指定表类型为坡度，并在分析图左下角选点插入坡度分析的图例表。

◆ 选中插入的图例表，点击鼠标右键并选择"编辑表格样式…"命令，打开"表样式"对话框，在"数据特性"选项卡中"文本设置"部分设置合适的文字高度和样式（图6-18），在"显示"选项卡中"部件显示"部分设置需要显示的表格内容及色彩和线宽等（图6-19）。

◆ 点击"确定"后现状DTM的坡度分析及图例表显示如图6-20所示。

（左）图6-18　分析图例表文字外观设置

（右）图6-19　分析图例表格外观设置

⚠ 注意：

★ 插入图例表时，应选择"动态"行为定义项，以便一旦需要修改分析参数更新分析结果时，图例表中的数据也会自动修正。

★ 图例表绘制完成后应放入单独的层以便于管理。

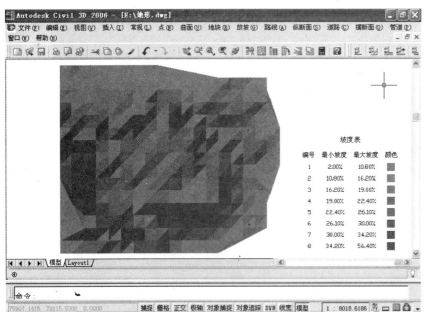

图6-20　现状DTM的坡度分析及图例表

6.3　建立设计数字地面模型

环境规划设计方案通常需要对现状场地进行适当的平整处理。为了进一步使用 Civil 3D 对设计方案加以分析和修改，必须对平整后的场地也进行 DTM 建模，生成规划 DTM。

场地平整后的 DTM 通常由平整面和放坡面构成。平整面是由设计高程和平整地块的边界定义的；放坡面则

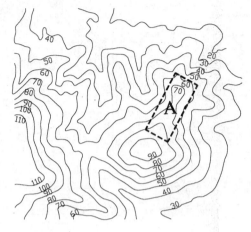

图6-21　规划建设用地的位置

可以根据平整面和现状场地曲面的空间关系，在给出坡度要求后由 Civil 3D 自动计算生成。为方便用户，Civil 3D 在自动计算生成放坡面时，只要求用户提供放坡的起始边界线作为放坡要素线。要素线可以由闭合或开放的 Pline 线、圆弧或直线来创建。

下面以对图 6-21 中 A 处规划建设用地为例说明建立规划 DTM 的具体工作步骤。该处场地的设计高程为 70m。

6.3.1　创建平整面

◆ 在 Civil 3D 中打开 "地形" 文件，打开 "dgx" 层并关闭其余各层，新建 "规划地形" 层。

◆ 执行 pline 命令，用闭合的 Pline 线绘制 250m×100m 的平整场地边界。

◆ 执行 change 命令，将设计高程 70m 赋予该 Pline 线。

◆ 在 "工具空间" 对话框中创建 "规划 DTM" 曲面并置于 "规划地形" 层（图 6-22）。

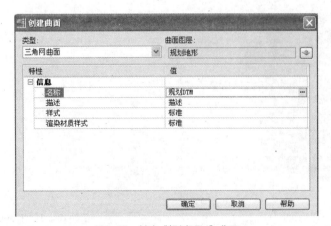

图6-22　创建 "规划DTM" 曲面

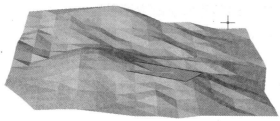

（左）图 6-23 "添加特征线"对话框

（右）图 6-24 由 pline 线获得的"平整面"

◆ 在"工具空间"对话框"快捷信息浏览"中展开"规划 DTM"曲面，选择"定义"中的"特征线"选项，点击鼠标右键并选择"添加"，打开"添加特征线"对话框并点击"确定"（图 6-23），选择作为平整场地边界的 Pline 线，从该 Pline 线获得"平整面"曲面（图 6-24）。

6.3.2 创建放坡面

◆ 在"地形"文件中新建"放坡"层。

◆ 在"工具空间"对话框"设置"中展开"放坡"选项，选择"放坡规则集"，点击鼠标右键并选择"新建"，打开"放坡规则集"对话框，新建"平整放坡规则集"（图 6-25）。

◆ 在"工具空间"对话框"设置"中展开新建的"平整放坡规则集"，点击鼠标右键并选择"新建"（图 6-26），打开"放坡规则"对话框新建"平整放坡规则"（图 6-27），并在"规则"选项卡中设置放坡目标为"曲面"，放坡坡度为"2：1"（图 6-28）。

◆ 在"工具空间"对话框"设置"中展开"放坡"选项，选择"放坡样式"，点击鼠标右键并选择"新建"（图 6-29），打开"放坡样式"对话框新建"平整面放坡样式"（图 6-30）。

◆ 在"放坡样式"对话框"显示"选项卡中将所有部件都放到"放坡"层，另将"目标线"设置为红色（图 6-31）。

◆ 在"放坡样式"对话框"坡型"选项卡中钩选"坡型"选项（图 6-32），点击 按钮打开"坡型样式"对话框编辑"标准"坡型，在"布局"选项卡中对"部件 1"和"部件 2"的"坡度线"颜色等进行设置（图 6-33），

（左）图 6-25 新建"平整放坡规则集"

（右）图 6-26 打开"放坡规则"对话框

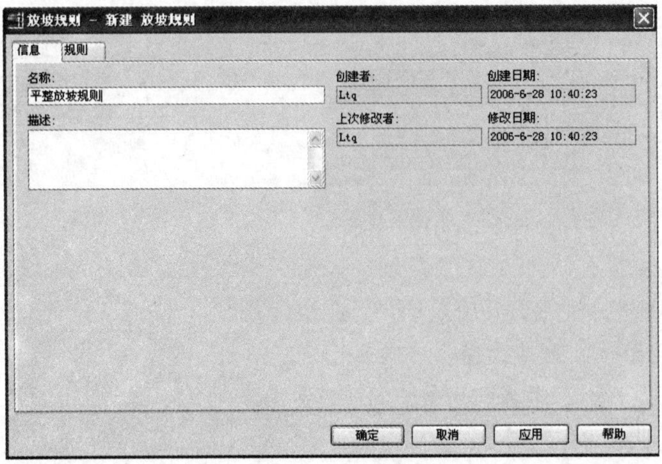

图6-27 新建"平整放坡规则"

图6-28 "平整放坡规则"设置

图6-29 打开"放坡样式"对话框

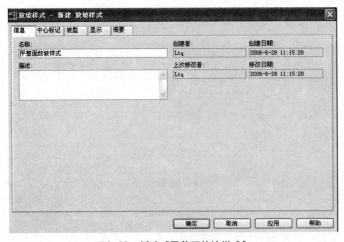

图6-30 新建"平整面放坡样式"

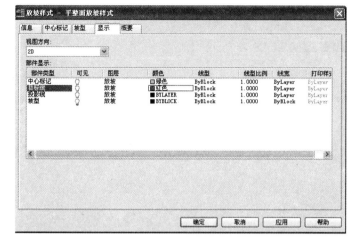

图6-31 "放坡样式"对话框的"显示"选项
卡设置

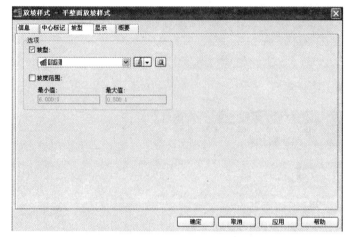

图6-32 "放坡样式"对话框的"坡型"选项卡
设置

图6-33 "坡型样式"对话框的"布局"选项卡
设置

预览满意后点击"确定"返回"放坡样式"对话框。

◆ 在"放坡样式"对话框点击"确定"完成对"平整面放坡样式"的设置。

◆ 执行 pline 命令,利用端点捕捉沿"平整面"曲面的边界用 Pline 线
绘制闭合的平整面边界并置于"放坡"层。

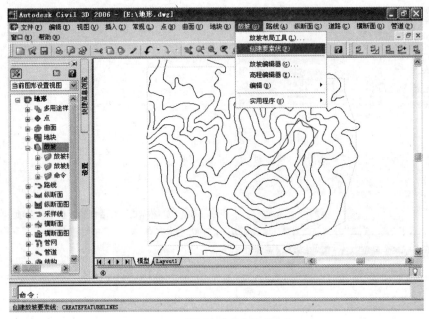

图6-34 "创建要素线"菜单命令

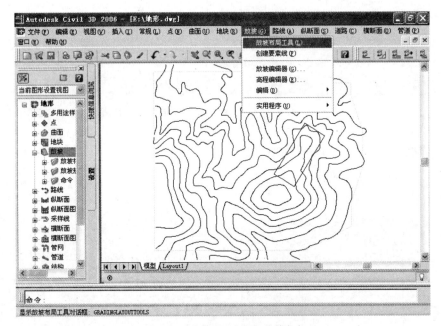

图6-35 "放坡布局工具"菜单命令

◆ 选择【放坡】/【创建要素线】命令（图6-34），选中代表平整面边界的Pline线将其转化为放坡要素线。

◆ 选择【放坡】/【放坡布局工具…】命令（图6-35），打开"放坡布局工具"对话框（图6-36），点击其中的"设置放坡组"按钮▦打开"创建放坡组"对话框，将放坡组名称命名为"平整面放坡组"，并钩选"自动创建曲面"和"体积基面"复选框，设曲面样式为"标准"，体

图6-37 创建"平整面放
坡组"

图6-36 放坡布局工具

图6-38 放坡设置

积基面为"现状DTM"（图6-37），点击"确定"后在随之弹出的"创建曲面"对话框中将"平整面放坡组"置于"放坡"层。

◆ 点击"放坡布局工具"对话框中的"设置目标曲面"按钮 ，打开"选择曲面" 对话框确认目标曲面为"现状DTM"，再点击"放坡布局工具"对话框中的"选择规则集"按钮 ，打开"选择规则集"对话框选择新建的"平整放坡规则集"，然后点击"放坡布局工具"对话框中的"展开工具栏"按钮 将坡度样式设为"平整面放坡样式"，从而完成放坡设置如图6-38所示。

◆ 点击"放坡布局工具"对话框中的"创建放坡"按钮 ，在命令行提示"选择要素"时选择代表平整面边界的要素线，在要素线外部任意选点定义放坡边，输入"Y"确认将放坡应用到整个长度，并回车接受默认的放坡坡度，最后在"选择要素"提示下回车完成放坡的创建，如图6-39所示。

◆ 利用三维观察器选择合适的透视角度及平面着色模式可更为直观地观察场地的填挖情况（图6-40），图6-41为关闭"现状地形"层后由"平整面"曲面及其放坡所构成的完整的规划DTM。

⚠ 注意：

★ 为便于对现状DTM和规划DTM分别进行访问、查询或修改操作，需要将它们放在不同的图层上，从而可以利用图层控制来简化操作。

★ 放坡组是Civil 3D实

图6-39 创建完成后的放坡

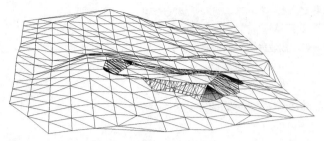

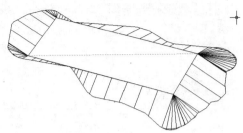

图6-40 利用三维观察器观察场地的填挖情况　　　　图6-41 完整的规划DTM

现放坡功能的一个重要概念，是对同一场地中彼此存在空间关联的多个放坡的组合定义。在一个场地中允许定义多个放坡组。Civil 3D可以自动识别并处理同一放坡组中不同放坡之间的空间交互关系。

　　★ 由于Civil 3D采用了实时动态关联技术，因此在放坡创建完成后，如果对实际效果不满意，可以通过修改放坡规则设置和放坡样式设置对放坡进行修改。

6.4 土方计算

　　在实际工程中进行土方计算是为了估算工程量，或尽量取得场地开挖和填筑的土方平衡，以减少工程量。环境规划设计出于方案比较、修改或制定实施计划等需要，在初步方案筛选、设计细部推敲及最终的施工图阶段都需要检查工程的土方量。

　　土方计算是对土方开挖量和填筑量的综合考察，因此在计算前首先要确定挖方区和填方区的分界线——"零线"的位置，然后再分别对挖方区和填方区的土方量分别进行计算。由于自然地形复杂多变，人工计算往往非常繁琐。而Civil 3D则可以利用现状DTM和规划DTM比对生成体积曲面，通过自动核算曲面内任意平面投影点的顶部与底部标高之间的高差来迅速得到正负体积值（土方开挖量和填筑量）以及净体积值（填挖方之间的差值），并在体积曲面的特性中反映出这些体积值。

　　下面继续利用"地形"文件，对于Civil 3D土方计算的具体工作步骤进行说明。

6.4.1 平整面部分的土方计算

　　◆ 在Civil 3D中打开"地形"文件，新建"体积"层。

　　◆ 在"工具空间"对话框"快捷信息浏览"中选择"曲面"，点击鼠标右键并选择"新建"，打开"创建曲面"对话框，将曲面类型设为"三角网体积曲面"，创建"平整土方量"体积曲面并置于"体

图6-42 创建"平整土方量"体积曲面

图6-43 查询"平整土方量"休积曲面的土方信息

积"层,将基面设置为"现状DTM",对照曲面设置为"规划DTM"(图6-42)。

◆ 在"工具空间"对话框"快捷信息浏览"中展开"曲面",选择"平整土方量"选项,点击鼠标右键,选择"特性...",打开"曲面特性"对话框,通过"统计信息"选项卡查看"体积"信息(图6-43)。

⚠ 注意:

★ 如果土方量过大需要修正场地的设计高程,可以通过调整"规划DTM"曲面的高程并重新生成"平整土方量"体积曲面来实现。

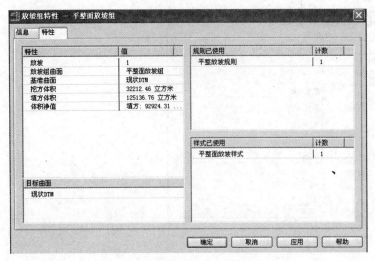

图6-44　放坡部分的土方信息查询

6.4.2　放坡部分的土方计算

在创建放坡时，Civil 3D已自动对放坡部分的填挖土方进行了计算，并作为放坡特性信息的一部分做了储存，通过"工具空间"对话框可以方便地查询。

◆ 在"工具空间"对话框"快捷信息浏览"中展开"场地"选项，在其中的"放坡组"选择"平整面放坡组"，点击鼠标右键并选择"特性 ..."，打开"放坡组特性"对话框。

◆ 在"放坡组特性"对话框的"特性"选项卡中可以查询到挖方体积、填方体积、及体积净值（图6-44）。

注意：

★ 如果土方量过大可以通过修改放坡要素线的高程来进行调整。

本章小结

利用数字地面模型，可以较精确地模拟场地的现状，设计地形，分析、计算、显示场地高程、坡度、填挖方，为不同设计方案提供评价、比较的依据。

Civil 3D可完成三维效果表现中的场地数字地面模型建立和观察、场地分析以及土方量计算工作。由于它是基于 AutoCAD 开发的，其中包含了 AutoCAD 的所有功能，因此，如果在 Civil 3D 中完成从场地分析、平面设计以及土方计算的整个规划工作过程，则可避免由第三方软件处理过程中出现的误差，保证规划设计的准确性，提高工作效率。

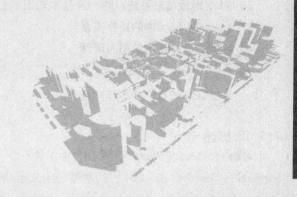

本章将简单介绍 Autodesk Map 及其相关基础知识，目的是能够更好地在城市总体规划、控制性详细规划阶段使用 Autodesk Map 辅助规划设计。初次学习，如果读者对于本章部分内容难以完全理解，可以简单浏览，进入下两个章节学习如何将 Autodesk Map 用于规划设计。学习了相关功能和操作之后，再返回阅读本章，理解有关基础知识。

本章重点
1. Autodesk Map 简介
2. GIS（地理信息系统）的一些基本知识
3. Autodesk Map 中的拓扑关系
4. Autodesk Map 中的图面清理

7.1 Autodesk Map 简介

7.1.1 概述

Autodesk Map 是 AutoCAD 系列软件中的一种，实现地理信息系统（Geographic Information System，简称 GIS）的功能，用来创建、维护和分析地图及地理数据。与一般的 GIS 软件不同，Autodesk Map 内置了标准的 AutoCAD，所以也可以认为是在标准 AutoCAD 上开发的 GIS 软件。对于用户来讲，其界面与 AutoCAD 一致，只是在 AutoCAD 基础上增加了一些扩展功能。用户可以在其中直接使用标准 AutoCAD 所有命令和功能；除此之外，Autodesk Map 特有的命令和功能，熟悉 AutoCAD 的用户也非常容易学习、使用。

Autodesk Map 的各个版本与标准 AutoCAD 的各个版本一一对应。目前市场上常见的版本有 Autodesk Map 2004，与 AutoCAD 2004 对应；Autodesk Map 3D 2005，与 AutoCAD 2005 对应；Autodesk Map 3D 2006，与 AutoCAD 2006 对应。

当初，Autodesk 公司设想 Autodesk Map 软件主要是针对 GIS 用户、地图制作、基础设施管理，以及其他创建、维护及制作地图、基础设施管理、将地图数据用于分析的用户，主要用途是地图的设计、制作、分析。而在城市规划设计中，尤其是在城市总体规划（包括分区规划）以及控制性详细规划阶段，所涉及的内容不同于修建性详细规划。修建性详细规划阶段的图纸，如规划总平面图，涉及内容是以建筑、道路、环境等等工程设计为主。而在城市总体规划（包括分区规划）以及控制性详细规划阶段，规划研究的重点是城市用地，图纸的表达内容和形式更加接近于地图（不同于工程图）。用地图学的专业名称分类，这些图纸都可以归入"专题地图（Thematic Map）"。利用 Autodesk Map 的特有功能，在城市总体规划阶段、控制性详细规划阶段辅助规划设计，比使用标准的 AutoCAD，能更好地提高工作效率，更加便捷。

7.1.2 Autodesk Map 的用户界面

Autodesk Map 3D 2006 有多种用户界面，常用的有＂Map 经典方式＂、＂Map 3D 方式＂，不同的用户界面，菜单的位置、内容都所不同（图 7-1）。不同的用户界面可以切换。切换用户界面使用＂CUI＂命令，进入＂自定义用户界面对话框＂进行，也可以使用菜单【工具】/【自定义】/【界面】，

Autodesk Map 3D 2006界面(Map经典方式)

Autodesk Map 3D 2006界面(Map 3D方式)

图7-1 Autodesk Map的用户界面

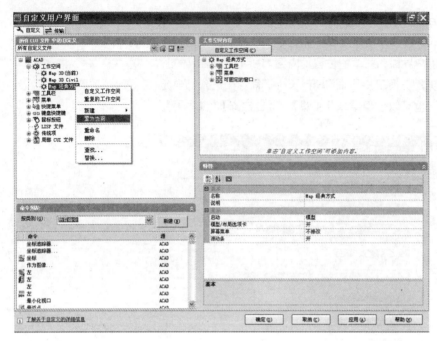

图7-2 在"自定义用户界面"对话框中切换用户界面

启动"自定义用户界面对话框"。两种方式是一样的。

在"自定义用户界面对话框"中（图7-2），进入"主 CUI 中的自定义"栏，确认当前的主 CUI 文件是 acmap.cui。如果当前的 CUI 文件不是 acmap.cui，则需要退出"自定义用户界面对话框"，使用"menu"命令选择和加载 acmap.cui。

在"自定义用户界面对话框"中，进入"主 CUI 中的自定义"栏，展开"ACAD"列表，进一步展开"工作空间"，其中列出了所有的界面。选择所需用户界面，如"Map 经典方式"，单击鼠标的右键，在弹出的菜单中选择"置为当前"。单击"确定"，退出"自定义用户界面对话框"，就完成了用户界面的切换。

如果系统当前使用主 CUI 文件是 acmap.cui，使用菜单【视图】/【菜单／工具栏布局】，也可以完成"Map 经典方式"和"Map 3D 方式"的界面切换。

"Map 经典方式"界面显示了所有标准 AutoCAD 的菜单，以及主要的 Autodesk Map 功能的菜单。在城市规划和设计中，宜使用"Map 经典方式"的界面。如果用户使用的是 Autodesk Civil 3D 软件，系统默认的是"Civil 3D"界面。除非用户以使用 Autodesk Civil 3D 特有的功能为主，一般情况下，还是建议切换到"Map 经典方式"界面。

⚠ 注意：

★ 本书以下均以"Map 经典方式"用户界面为例，其他界面下的操作完全相同，只是菜单的位置有所变化。

7.1.3 Autodesk Map 的特点

Autodesk Map 是在 AutoCAD 的基础上开发的 GIS 软件，本身是工程 CAD 软件，但是又具备了 GIS 基本功能。Autodesk Map 的特点在于：

与一般的 GIS 软件相比，Autodesk Map 实际上是个工程设计 CAD 软件，提供了功能强大的 CAD 工具，用于各种复杂的工程设计。其图形数据编辑处理方法已经为众多的 AutoCAD 用户所熟悉。在城市规划领域，大量存在的图形数据和资料都是以 AutoCAD 的 DWG 格式文件存在。这是 Autodesk Map 能用于规划设计的基础。

与一般的 CAD 软件相比，Autodesk Map 具有了基本的通用 GIS 软件功能。比标准的 AutoCAD 能够创建、处理更多、更复杂的工程数据库，提高工作效率。Autodesk Map 可以实现同时处理图形（空间数据）、属性（非空间数据）以及相关数据库信息的访问、编辑和处理。在城市规划与设计中，除了涉及到空间数据（几何信息）之外，还必须同时处理对应的非空间数据。例如：控制性详细规划中，除了涉及到规划地块的空间位置、形状之外，需要处理各个地块容积率、建筑密度、用地性质等等非空间数据。Autodesk Map 可以同时对图形数据和非图形数据进行管理、检索和存储。这一能力使得 Autodesk Map 在某些领域比标准 AutoCAD 更加有效、方便。

在当前城市规划设计过程中，有两大类型规划设计工作最能体现 Autodesk Map 辅助规划的特点和优势，大大提高工作效率，分别为：

第一：辅助土地使用规划。土地使用规划是城市总体规划、分区规划、控制性详细规划最重要的工作内容之一。辅助土地使用规划的具体工作包括：土地使用图绘制、用地面积的量算、生成用地平衡表。

第二：辅助控制性详细规划阶段的规划指标生成。这是控制性详细规划阶段的重要工作之一。具体包括：控制指标图的制作、汇总地块控制指标表。

在这两大类工作中，使用到 Autodesk Map 的主要功能包括：

- 图形清理
- 多边形拓扑
- 拓扑专题查询
- 注释

本书以下两个章节将分别围绕这两大类的工作展开讨论，学习使用 Autodesk Map。在此之前，先简单介绍 GIS、拓扑以及图面清理的一些基本知识，便于读者理解。

7.2 GIS 的基本知识

7.2.1 GIS 的组成

地理信息系统（Geographic Information System，GIS）是一种以计算机

为基础，处理地理信息的综合性应用技术。由于不同领域、不同专业对 GIS 的理解不同，目前尚没有完全统一的被普遍接受的定义。一般认为：常规的 GIS 是由信息获取与输入、数据储存与管理、数据查询与分析、成果表达与输出四个部分组成。GIS 软件的基本功能是将空间数据、属性数据输入到计算机，建立起有相互联系的数据库，以提供空间查询、空间分析以及表达和输出的功能。

7.2.2 GIS 处理的数据

GIS 所处理的数据分成两大类：

第一类是空间数据——是关于事物空间位置的数据，描述事物的空间特征，也称位置数据、定位数据。即说明"在哪里"、"形状如何"，可以用几何图形表示，用 X、Y 坐标来表达。通常也称为图形数据。

第二类是属性数据——是描述空间事物的非空间位置特征的数据，也称非几何数据。即说明"是什么"，如类型、等级、名称、状态等。一般用文字、数值表示。在目前的 GIS 中，属性数据一般用表格的形式表达。用表格的列表示不同的属性，用表格的行对应不同的空间实体（图 7-3）。

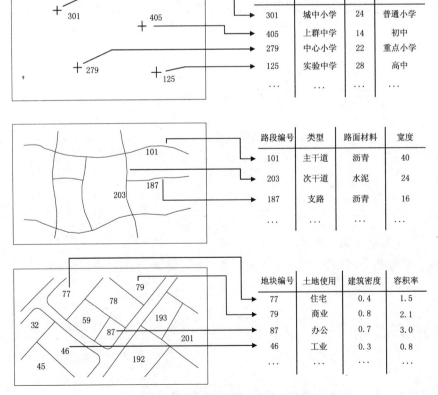

图7-3　GIS中空间数据与属性数据的对应关系及表示方法

例如，城市道路，其空间数据可以用几何图形"线"表示，而其道路路面类型、道路的建设年代、道路上的交通量等等特征数据，则是属性数据，是非空间数据，用文字等形式表达。

CAD 和 GIS 相比，都可以处理事物的空间数据（几何图形），但是 GIS 的特点在于：对于同一事物，GIS 可以同时处理空间数据和属性数据。

7.2.3　空间数据对事物的描述方法

按照空间事物的空间特征，空间数据的最基本表示方式有：点、线、面（多边形）。一般地，空间事物都可以抽象成点、线、面。

点：表示该空间事物有确切的位置，但大小、长度可以忽略不计。

线：表示该空间事物长度、走向非常重要，但面积可以忽略不计。

面（多边形）：表示该空间事物具有确定的边界、确定的面积。一般可以表示为不规则的多边形。

图 7-3 是用点、线、面表达城市规划中常见的空间事物以及空间数据与属性数据的对应关系。

7.2.4　Autodesk Map 中对空间数据的表达方法

在标准的 AutoCAD 中，"点"、"线"是两种主要的空间数据表达方式。"点"用点实体（Point）表示。"线"由一系列的有序坐标表示，并具有长度、方向性等特性，可以表达为多种实体，如线（Line）、多义线（Polyline）、弧（Arc）。但在标准的 AutoCAD 中，没有表达面（多边形）的特定实体。一般，在 GIS 数据库中，多边形由一封闭曲线加内部标记点来表示，具有面积、周长、范围等特性。所以，AutoCAD 中的填充（Hatch）、面域（Region）都不是真正意义上的多边形实体。多边形（Polygon）是 Autodesk Map 中特有的实体，是一种具有闭合边界的对象，其中存储了自身的内部和外部边界的相关信息，以及在其内部嵌套的或与之共组的其他多边形的相关信息。多边形在图形中用于表示区域，例如，城市边界、乡村边界、地块。在 Autodesk Map 中，多边形的创建和使用与拓扑密切相关。

7.2.5　Autodesk Map 中对属性数据的表达方法

在 Autodesk Map 中，空间事物的属性数据用对象数据（Object Data）表示。使用对象数据可以在地图中创建一个简单的数据库，在其中存储需要的文字和数值。对象数据可以由用户指定或直接附着到所需要对应的空间数据上。使用对象数据，先要定义对象数据表的格式，然后在对象数据表中创建记录，随后附着到选定的对象。使用对象数据表可以保存任何类型属性数据，例如，管道的直径、道路交通流量、地块用地性质、房屋的产权等。有关对象数据的编辑、输入、管理等操作，都使用菜单【Map】/【对象数据】下的不同选项完成。

★ 对象数据是 Autodesk Map 的特有概念，与标准 AutoCAD 的块属性不是同一个概念。块属性仅仅是"块"实体特有的一种特性；而任何实体都可以具有对象数据，并且对象数据功能比块属性更加丰富。

7.3　多边形拓扑关系基本知识

7.3.1　什么是拓扑关系?

拓扑（Topology）关系是一种对空间数据结构关系进行明确定义的方法，是指图形在保持连续状态下变形，但图形相互空间关系不变的性质。具有拓扑关系的空间数据结构就是拓扑数据结构。采用拓扑关系的空间数据结构，不仅仅记录空间位置（坐标），而且记录不同实体之间的空间关系。拓扑关系能清楚地反映实体之间的逻辑结构关系，它比几何关系具有更大的稳定性。空间数据的拓扑关系，对于 GIS 数据处理和空间分析具有重要的意义。在 Autodesk Map 中，引入拓扑关系，最直接的意义是可以用软件自动检查空间数据输入的错误，容易保证数据质量，建立了拓扑关系之后，系统可以自动建立空间数据与属性数据之间的关联。有关拓扑的更多知识可以进一步参看有关地理信息系统的参考书。

在 Autodesk Map 中，用户可以创建节点拓扑、网络（线）拓扑、多边形拓扑。在城市规划与设计中，使用最多的是多边形拓扑。

7.3.2　多边形拓扑

多边形拓扑是基于多边形的拓扑关系。每一个闭合的区域形成一个多边形；拓扑中的每个多边形都由一组链接（Link）构成。拓扑中的多边形有一个质心（Centroid），它是多边形中的一个点（Point）或一个块（Block）元素，包含了多边形闭合区域的信息（图7-4）。多边形拓扑可以直接适用于土地使用规划。在这些应用中，用多边形来表示地块、行政边界，例

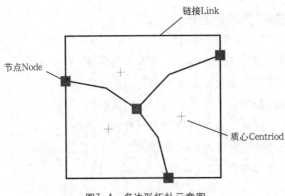

图7-4　多边形拓扑示意图

如城市、县区或者地块的边界、范围。

在 Autodesk Map 中，多边形实体的创建与多边形拓扑密不可分。通过创建多边形拓扑，系统可以自动创建多边形（Polygon）实体，自动创建相应的对象数据表，其中包含了多边形面积、周长等信息。

7.3.3 多边形拓扑的质心

拓扑中的多边形有一个质心（Centroid）。质心位于多边形的内部。在 Autodesk Map 中，点（Point）、块（Block）都可以作为质心。多边形拓扑中，一个多边形必须有且只能有一个质心。作为质心的点（或块）可以由用户预先输入，然后在创建多边形拓扑时指定（这种情况的质心是在多边形内部人为定义的，并非几何意义上的质量中心）；也可以在创建多边形拓扑时由系统自动创建。

多边形拓扑建立之后，系统自动创建一个质心拓扑对象数据表，并将其附着到质心上。其中该表包含了多边形编号、面积、周长、围合该多边形的链接等字段（表 7—1）。

质心的拓扑对象数据表（假定多边形拓扑名SAMPLE_POLY）　　表7—1

拓扑名称	对象数据表	对象数据字段	
SAMPLE_POLY	TPMCNTR_SAMPLE_POLY	ID	编号
		AREA	面积
		PERIMETER	周长
		LINKS_QTY	链接

在 Autodesk Map 中查看质心的拓扑对象数据表，可以使用标准工具板上的特性图标"🔧"，调用特性选项板查看（图 7—5）。

7.3.4 多边形拓扑的链接

拓扑中的每个多边形都由一组链接（Link）构成。在 Autodesk Map 中，并不要求必须由闭合的多义线（Polyline）才能组成多边形。组成多边形链接可以是线（Line）、不闭合多义线（Polyline）或者弧段（Arc）。这些链接可以在同一图层上，也可在不同的图层上。创建多边形拓扑时，可以由用户选择指定不同图层上的不同实体参与构造多边形的链接。

多边形拓扑建立之后，系统自动创建一个链接拓扑对象数据表，并将其附着到每一个链接上（表 7—2）。

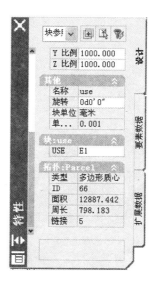

图7—5　查看多边形质心
拓扑对象数据表

链接的拓扑对象数据表（假定多边形拓扑名SAMPLE_POLY）			表7-2
拓扑名称	对象数据表	对象数据字段	
SAMPLE_POLY	TPMLINK_SAMPLE_POLY	ID	编号
		START_NODE	起点
		END_NODE	终点
		DIRECTION	方向
		DIRECT_RESISTANCE	阻抗

在 Autodesk Map 中查看多边形链接的拓扑对象数据表，也是使用标准工具板上的特性图标 "⬛"，调用特性选项板查看。

⚠️ **注意:**

★ 不能从椭圆创建多边形拓扑，也不能从与其他多边形共享边界或交点的闭合多义线创建多边形拓扑。在创建拓扑之前，必须先分解闭合的多义线。

7.4 图形清理

7.4.1 为什么要做图形清理?

在创建多边形拓扑之前必须进行图形清理 (Drawing Cleanup)。要在 Autodesk Map 中建立多边形拓扑，对数据质量有极高的要求，图形上不能有重复项、交接不准等等。这些错误的出现，一方面原因可能是输入多边形边界（如：地块界线、道路等等）时，没有严格地使用捕捉方式；另一方面，由于 AutoCAD 本身对于图形数据质量要求相对较低，有时，即便采用了严格的捕捉方式控制交接点，仍有可能出现拓扑关系所不允许的图面错误。为此，必须进行图形清理。

⚠️ **注意:**

★ 进行图形清理时，必然会改变图形数据。如果图形清理的参数设置不当，可能引起图形数据发生较大的变化，所以建议在图形清理之前先备份图形数据。

7.4.2 Autodesk Map 中的清理动作

在 Autodesk Map 2004 中有 9 种清理动作，分别对应处理 9 种不同的图面错误。在 Autodesk Map 3D 2006 中除了有以上 9 种清理动作，还增加了两种新的清理动作——清理多义线、外观交点，共 11 种清理动作。

(1) "删除重复项" (Delete Duplicates)

找出共享相同的起点和终点并且所有其余点都位于允差 (Tolerance) 距离内的对象，并删除其中一个对象（图 7-6）。计算要删除的重复项时，不包括点、文字和块。不同方向的对象、不同类型（如直线和多义线）的对象以及具有不同特性（如线型和颜色）的对象都可以视为重复项，几何形状相同但位于不同图层的对象也被视为重复项。"删除重复项" 时，可以在 "允差 (Tolerance)" 框中指定允差值,也可以单击"拾取"并在图形中选择两个点来指定。

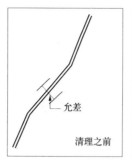

图7-6 清理动作 "删除重复项"

⚠️ **注意:**

★ 在 Autodesk Map 定义的重复项比较特殊,指的是具有相同的起点和终点的完全重复的对象,也就是几何图形完全相同并重复的对象才视为重复项。如果两个对象仅有部分重复,系统是无法自动清理纠错的。为此,作图时,必须有意识地、尽可能避免重复线。两个多边形的公共边界只输入一次即可。

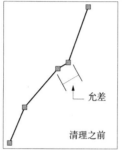

图7-7 清理动作 "删除短对象"

(2)"删除短对象"(Erase Short Objects)

找出并删除比指定"允差"短的对象。需要设置允差,方法同上。通过删除短的、孤立的线性对象以及多义线中的短线性对象,可以减少图形中不必要的线性对象和节点的数目,从而提高了性能,并减小了文件大小(图 7-7)。

⚠️ **注意:**

★ 根据数据的具体情况,使用"删除短对象"动作之后,可能需要使用"捕捉节点簇"以更正因执行此动作而生成的错误。

★ 设置的允差值应比要保留的最短对象长度稍短。

(3)"打断交叉对象"(Break Crossing Objects)

找出相互交叉但在交叉处没有打断的对象。该动作将分别打断交叉对象,同时在交叉处创建一个节点(图7-8)。Autodesk Map 在打断交叉对象时不涉及允差值。

(4)"延伸未及点"(Extend Undershoots)

图7-8 清理动作 "打断交叉对象"

未及点通常是由不精确的数字化或扫描数据转化时造成的。使用"延伸未及点"清理动作时，先找出彼此间距在指定的允差(Tolerance)半径内、但并不相交的对象。如果其中一个对象在延伸后可以与另一个对象相交，该对象将被延长、捕捉到指定允差范围内的一个现有节点上。如果不存在节点，将在交点处创建一个节点(图7-9)。该动作要求设置"允差"，设置方法同上。使用"延伸未及点"时，在对话框中选择"打断目标"选项，可以在交点处打断延伸目标线性对象。

(5) 捕捉节点簇 (Snap Clustered Nodes)

找出彼此距离在指定允差 (Tolerance) 范围内的节点，并将它们捕捉到最中心的节点上 (图7-10)。要求设置"允差 (Tolerance)"，方法同上。

(6) 融合伪节点 (Dissolve Pseudo Nodes)

"伪节点"指的是仅有两个对象共享的节点。"融合伪节点"就是找出所有伪节点，融合该节点并连接两个对象。"融合伪节点"清理动作可以将连续的短直线转换连结、合并成一条多义线 (图7-11)。

(7) 删除悬挂对象 (Erase Dangling Objects)

找出至少有一个端点没有与其他对象共享的悬挂对象，并删除该对象 (图7-12)。所设置的"允差"值应比要删除的最长悬挂对象稍长。设置"允差"的方法同上。

⚠ **注意：**

★ 悬挂对象不包括闭合多义线。

★ 在删除悬挂对象之前，应先使用"打断交叉对象"动作，打断相交对象，然后使用"删除悬挂对象"。当然也可以使用 ERASE 命令手动完成。

(8) 简化对象 (Simplify Objects)

通过删除位于指定"允差"范围内的所有内部节点来简化复杂的多义线 (图7-13)。

图7-9　清理动作"延伸未及点"

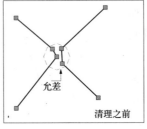

图7-10　清理动作"捕捉节点簇"

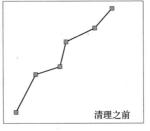

图7-11　清理动作"融合伪节点"

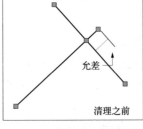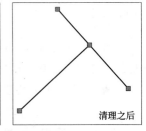

图7-12　清理动作"删除悬挂对象"

图7-13　清理动作"简化对象"

减少多义线内的点的数目可以减小文件大小并提高性能，但同时也会降低数据的精确度。要求设置"允差"，方法同上。"简化对象"清理动作一般作为单独的图形清理操作来执行，而不与其他清理动作一起执行。如果选择与其他动作一起执行"简化对象"，Autodesk Map 将首先自动执行"简化对象"，而不管指定的顺序如何。

⚠ **注意：**

★ "简化对象"与"融合伪节点"不同。简化对象是针对多义线(Pline)，如果是直线对象而不是多义线对象，则需要使用"融合伪节点"将它们连接成一条多义线。

★ 使用"简化对象"将删除多义线的线宽。

(9) 零长度对象 (Zero Length Objects)

删除长度为零的线段。找出具有起点和终点但长度为零或只有开始顶点的多义线，并删除它们。该动作不涉及"允差"。

(10) 清理多义线 (Weed Polylines)

"清理多义线"用于添加和删除三维多义线上的顶点，有助于控制图形文件大小。"清理多义线"动作一般作为单独的图形清理操作来执行。如果与其他操作一起运行，则无论它处于列表中的什么位置，都将先于其他动作运行。而且，该动作只运行一次，与所列出的次数无关。

(11) 外观交点 (Apparent Intersection)

外观交点是两条三维空间上不相交的线在当前视图的投影中看上去相交的点。使用"外观交点"清理，可以定位两个虽然不相交对象的外观交点（在指定的允差半径内），并且不更改对象方向，将对象延伸到外观交点。

7.4.3　允差（Tolerance）

"允差"的英文是"Tolerance"，在 Autodesk Map 3D 2006 的中文版中译作"允差"，在 Autodesk Map 2004 中文版中，则称作"公差"。在其他的 GIS 软件和相关参考书中，多译作"容差"。本书按 Autodesk Map 3D 2006 中文版名称，统一为"允差"。

"允差"是线性对象或节点之间所允许的最小距离。如果两个线性对象或节点之间的距离小于该允差，Autodesk Map 将更正此错误。许多操作都需要设置"允差"。例如，延伸未及点操作时，设置允差为"D"，当线段 A、B 之间的距离小于 D 时，系统自动延长未及线段 B，至两线段相交。其余操作时，"允差"的意义可以由此类推。

设置"允差"必须十分小心，"允差"不能过小、也不能过大。过小，会导致相当多的错误无法自动清理；过大，会带来较大的误差，图形的本身也会发生明显的变化。"允差"的大小必须根据图形本身的尺度大小、精度要求、允许的误差范围而定。

7.4.4 清理动作的顺序

不同的清理动作顺序会得到不同的结果。可以通过在进行图形清理时，在列表中指定所需顺序。列表最顶端的动作将首先执行。清理动作的顺序安排，对于图形清理的效果有直接的影响，某些清理动作的结果会影响到其他清理动作。如果清理动作的前后顺序不合理，反而会导致图面错误越来越多。例如："打断交叉对象"动作应在"删除悬挂对象"之前进行，反之就达不到清理目的。

⚠ 注意：

★ 虽然可以在图形清理操作中一次执行若干个清理动作，但是本书建议一次仅进行一项清理动作，这样可以更容易地掌握和跟踪编辑后的变化。

本章小结

本章介绍了 Autodesk Map 的基本概况，以及一些地理信息系统（GIS）的基本知识，包括 GIS 中的空间数据表达方法、Autodesk Map 空间数据及属性数据的表达方法、多边形拓扑的基本知识、图形图面清理。Autodesk Map 是一种 GIS 软件，具有 GIS 的一般功能。与标准的 AutoCAD 相比，Autodesk Map 能够同时处理空间数据、属性数据。Autodesk Map 提供了空间数据的拓扑关系。多边形拓扑是 Autodesk Map 能够用于土地使用规划的基础。建立多边形拓扑之前必须进行图面清理。

地理信息系统是一门相对独立的学科。本章涉及了一些 GIS 基础知识，目的仅仅是为便于读者学习以下两章，提供一些必要的知识基础。因此，本章不可能完整地介绍 GIS 的知识，也没有必要全面介绍 Autodesk Map 所有的概念。如果希望进一步了解学习 GIS，可以阅读相关参考书。如果需要全面学习 Autodesk Map，也可以进一步阅读相关手册和资料。

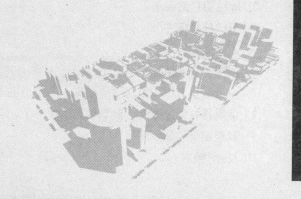

本章使用 Autodesk Map 为工具，辅助土地使用规划，使用 Autodesk Map 制作城市总体规划阶段、控制性详细规划阶段的土地使用现状图、土地使用规划图，并辅助用地平衡表的计算、生成。本章同时兼顾使用标准 AutoCAD 为工具的读者，最后简述使用标准 AutoCAD 辅助土地使用规划的方法和注意要点。

本章重点

1. 不同规划阶段的土地使用图特点
2. 地形图的准备
3. 地块边界的绘制
4. 用地性质标注
5. 图面清理
6. 创建多边形拓扑
7. 输出地块面积和用地性质数据，制作用地平衡表
8. 使用拓扑专题查询，自动填充色块
9. 调整图层的显示顺序
10. 使用标准 AutoCAD 制作土地使用图

8.1 不同规划阶段的土地使用图特点

土地使用规划是城市规划的核心工作之一，在总体规划、分区规划、控制性详细规划阶段，都是核心规划内容。土地使用图包括土地使用现状图、土地使用规划图。各个规划阶段的土地使用图表达的内容基本一致，表示规划范围内各类不同使用性质用地的界线，而区别在于：

- 用地分类的深度各有不同。总体规划和分区规划的用地分类一般以大类为主，中类为辅；控制性详细规划用地分类是以小类为主，中类为辅。
- 图纸的比例不同。总体规划图纸比例 1：5000 ～ 1：25000，其中 1：10000 是常用的比例；分区规划采用比例 1：5000；控制性详细规划的图纸比例 1：2000。图纸比例不同，相应的图面字体大小、线型比例、粗细也有所不同。

8.2 地形图的准备

土地使用图（现状图、规划图）都应反映地形，规划图的绘制应在地形图上进行。在 AutoCAD 中，地形图文件具体会有两种格式：矢量 DWG 格式和栅格图像格式。

8.2.1 矢量 DWG 格式的地形

一般的地形文件由测绘部门提供，是采用 DWG 格式的矢量地形文件。地形文件一般文件量巨大，为加快工作效率，宜采用外部引用的方式表达。插入外部

引用的 DWG 格式的地形文件，一般需要做如下的准备：

◆ 测绘部门的提供的 DWG 地形文件一般分层多，颜色各有不同，建议都将其各个图层改为白色（7 号色）。

◆ 单独为外部引用的地形建立一个图层，该图层可以使用不同的灰色（252 ～ 254 号色或 8 号、9 号色）。

◆ 通过菜单【插入】/【外部参照管理器】，附着或拆离地形文件(图8-1)。

图8-1　外部参照管理器

8.2.2　栅格图像格式的地形

在城市总体规划阶段，由于不需要精确坐标，也可以使用栅格图像格式的地形文件，以加快显示速度。有时候无法获取数字化的矢量地形文件，只能使用纸质地形图扫描生成栅格图像文件，因此也只能使用栅格图像格式的地形文件。根据 AutoCAD 的特点，扫描得到的栅格图像地形文件，宜处理保存为 TIF 格式，图像模式宜采用位图（bitmap）模式。这是因为位图（bitmap）模式的 TIF 文件，文件量小，显示快，采用位图模式，能够在 AutoCAD 中透明显示。栅格图像地形的格式转换、模式调整可在 Photoshop 中处理。使用栅格图像地形，一般需要做如下的处理：

◆ 单独为栅格图像地形建一个图层，该图层可以使用不同的灰色(252 ～ 254 号色或 8 号、9 号色)。

◆ 栅格图像插入，通过菜单【插入】／【图像管理器】进行（图8-2）。

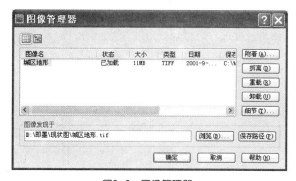

图8-2　图像管理器

◆ 使用菜单【修改】/【对象】/【图像】/【透明】，选择图像，输入"ON"，设地形为透明（只有位图（Bitmap）模式的图像才能设成透明）。必要时还可以使用菜单【修改】/【对象】/【图像】/【边框】，输入"OFF"，关闭图像的边框。

◆ 因为插入的栅格图像本身没有坐标值，并且可能在扫描时旋转、偏移等等，所以，必须使用"Rotate"、"Scale"命令进行纠正。可以事先在扫描前的纸质地形图上做适当的长度记号或者标准网格线，便于扫描后，在 AutoCAD 中进行比例、方向的校正。

⚠ **注意：**

★ 使用栅格图像地形，优点是显示速度快，缺点是需要进行校正。栅格图像格式的地形一般只适用于坐标精度要求不高的总体规划阶段。

8.3 绘制道路红线、地块界线

8.3.1 道路红线的生成

总体规划（含分区规划）阶段的道路，一般图面上只需要表达道路红线即可。在总体规划中，道路中心线仅是辅助要素，用于道路红线的生成。道路中心线、道路红线位于不同的图层上。道路红线生成之后应冻结（不是关闭 Off，是冻结 Freeze）道路中心线层（图 8-3a）。

控制性详细规划要求绘制的道路，图面上必须表达：道路中心线、道路红线、缘石线、机非分隔带（三块板、四块板道路）、中央分隔带（两块板、四块板道路）等要素。不同的要素也必须绘制在不同的图层上（图 8-3b）。

⚠ **注意：**

★ 为便于绘制和修改，道路中心线必须用多义线（Pline）绘制，决不可将其解开（Explode）成线（Line）。

图 8-3 不同规划阶段的道路表达
(a) 总体规划阶段（中心线图层冻结）；(b) 控制性详细规划阶段

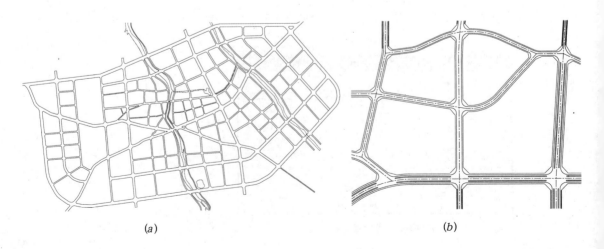

(a)　　　　　　　　　　　　　　　　(b)

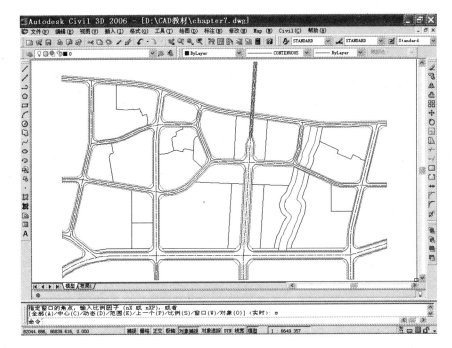

图8-4　输入道路和地块界线

8.3.2　地块界线的生成

地块界线是围合地块多边形的边界线。此处的地块界线是指非道路红线的地块界线。地块界线可用多义线 (Pline) 或直线 (Line)、弧段 (Arc) 输入。地块界线也应单独分层。其他与地块相关的边界要素还可能有河流、铁路等，建议也采用多义线 (Pline) 输入，不同要素分别单独分层（图8-4)。

⚠ **注意:**

★ 仅需要绘制非道路红线的地块边界线即可，要绝对避免与道路红线重复的地块界线的出现。

★ 注意图纸的分层：道路红线、地块边界及其他要素均应单独分层。

★ 注意各个线之间的交接准确，输入时需要使用捕捉方式。

★ 注意各个地块之间的公共边界，只输入一次，决不要重复输入。

★ 不要求每一个地块都是封闭的多义线 (Pline)，但需要保证边界之间交接准确，要使用捕捉方式。

★ 如果需要计算道路面积，就必须将道路的末端封闭，确保道路红线围合成道路多边形。处理方法与上述地块多边形的处理方法一样，公共边界只输入一次。

8.4 属性块标注用地性质

在土地使用规划中，要使用 Autodesk Map 的多边形拓扑，必须先为每个地块添加带属性的块以标识土地使用性质。在创建地块的多边形拓扑时，将该块作为多边形拓扑的质心。

8.4.1 创建一个带属性的块

创建一个带属性的块，具体方法如下：

◆ 启动 Autodesk Map，创建一个新的 DWG 图形文件。

◆ 用菜单【绘图】／【块】／【属性定义】，进入"属性定义"对话框。

◆ 在属性一栏中，输入"标记"、"提示"和"值"。其中，标记就是每一条属性记录的标识，必须输入；提示是插入属性块时提示每一条属性的提示语，可以不输入；值是该条属性的默认值，也可以不输入。例如，可以将标注用地性质属性的"标记"输入为"USE"；"提示"和"值"可以省略。

◆ 在插入点一栏中，去除"在屏幕上指定"前的"√"，设置插入点为 X：0，Y：0，Z：0。

◆ 在文字选项一栏中，输入文字的字体、对正、高度、旋转等特性。对于属性文字的大小并未有特别的要求，一般根据可以所画的图纸中地块大小确定（打印的成果图，文字高度一般应大于 2.5mm，以便能够清晰地分辨）。

◆ 不改变该对话框中的其他选项，单击"确定"完成设置属性文字，退出"属性定义"对话框（图 8-5）。

◆ 为该文件取一个合适的文件名，保存该文件为一个单独的 DWG 文件。

· 图8-5 定义属性文字

8.4.2 插入外部块，标注用地性质

插入外部块、标注用地性质，具体方法如下：

◆ 打开土地使用图，先为属性块单独建一个新的图层，并设为当前图层。使用"Insert"命令（或者使用菜单【插入】／【块】），进入"插入"对话框。

◆ 在"插入"对话框，单击"浏览"，选择上一步新建的带属性文字的文件

◆ 注意将钩选"在屏幕上指定"，设置插入点为"在屏幕上指定"。"缩

放比例〞、〝旋转〞两栏均
无需设置。

◆ 去除〝分解〞前的
〝✓〞，不分解块，这一选
项非常重要。单击〝确定〞
完成（图8-6）。

◆ 插入第一个属性块
时，系统会有提示，依次
要求插入点和比例、输入属性值（即用地性质）。应将插入点设置在需
要的地块内，按提示输入该地块的用地性质（一般用国标的用地性质代
码表示）。

图8-6　插入外部属性块

◆ 插入第一个属性块后，其余的地块可以采用一样的方法依次用
〝Insert〞命令插入，但是这样做相对比较麻烦。本书建议采用复制（Copy）
块的方法标注其他地块。将新插入的属性块，在每一个地块中都复制一个。
注意属性块的插入点必须落在标注地块的内部。属性块的大小并未有特别
的要求，但是尽可能落在地块内，目的是为了校对方便。必要时可以将用
〝Scale〞命令缩放属性块，但仍必须保证属性块的插入点必须落在所标注
地块的内部（图8-7）。

◆ 将该属性块的属性值修改为所在地块的用地性质代码，例如地块
用地性质为〝一类工业用地〞，可修改属性值为〝M1〞。修改属性值使用
〝Ddatte〞命令，或者直接双击该属性块（图8-8），将 Value 值修改为需

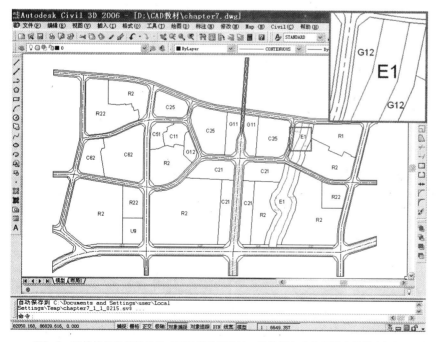

图8-7　属性块标注用地性质（可以缩放属性块，块的插入点必须落在地块内部）

要的代码即可。

◆ 标注道路多边形。道路多
边形，形状会比较复杂，仍可以将
其作为一个多边形标注，用属性块
进行标注，块的插入点也必须落在
道路内部。

使用Ddatte命令

⚠ **注意：**

★ 道路、地块界线绘制、属
性块标注都属于标准 AutoCAD 的功
能，也可以不用 Autodesk Map，而
使用标准 AutoCAD 进行。

★ 定义属性文字时，合理利
用默认值可以提高工作效率。例
如，如果大多数地块都是二类居
住用地（R2），可以在"属性定义"
对话框中，将"值"设置为"R2"。

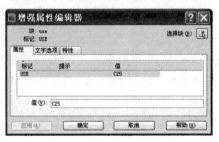
直接双击要修改的块　　　　图8-8　修改属性块的属性值

这样，插入块时，无须输入，自动取值为"R2"。下一步只要修改性质不
是"R2"的地块，从而减少工作量。

★ 必须保证一个地块只有唯一的标注。

★ 标注用地性质完毕，最好将图纸打印输出一份，进行校对，校对
用地性质标注是否正确。尤其是土地使用现状图（地块多、不规则）的校
对，非常重要。

8.5　图面清理

8.5.1　创建多边形拓扑前必须修正的四种图面错误

在创建地块多边形拓扑之前，必须修正图面上存在的四类错误。
这四类错误是："悬挂线错误"、"未及线错误"、"重复线错误"、"标注
块错误"（图 8-9）。以上任何一种错误存在，都会导致无法创建多边
形拓扑。

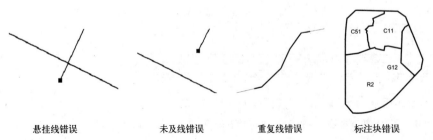

悬挂线错误　　　　未及线错误　　　　重复线错误　　　　标注块错误　　图8-9　必须修正的四类图面错误

这四种错误分别用以下的方法处理：

悬挂线错误：采用图面清理，先使用"打断交叉对象"，再使用"删除悬挂对象"。需要设置合理的允差，保证系统能够自动清理。

未及线错误：采用图面清理，使用"延伸未及点"。需要设置合理的允差，保证系统能够自动清理。一般情况下，"延伸未及点"前必须"融合伪节点"。

重复线错误：第7章已经提到过，图面清理中的"删除重复项"仅能自动清理几何形状完全相同并重复的对象。对于大多数的重复线错误（图8-9），是无法自动修正的。此类错误必须手动修改。为此，在输入道路、地块界线时必须十分小心，不要产生重复线。

标注块错误：标注块错误指标注用地性质的属性块出现"多标"、"漏标"的情况。其中，"漏标"的情况虽不影响多边形拓扑的创建，但是无法自动给地块多边形赋予"用地性质"属性。"多标"的情况是不允许的，会影响到多边形拓扑的创建。此类错误必须用手工修正。

8.5.2　图形清理的过程

图形清理是通过选择菜单【Map】/【工具】/【图形清理】进行；也可以使用 Map 工具栏中的图形清理工具"▨"，同样可以启动"图形清理对话框"。

▽! **注意：**

★ 在进行图面清理前，宜使用"explode"命令将所有的多义线（Pline）解开为线（Line）。

★ 图面清理必然会改变图形数据。如果图面清理的参数设置不当，可能引起图形数据发生较大的变化，所以必须在清理地图之前先备份图形文件。

（1）"图形清理—选择对象"对话框

在图形清理中，使用此对话框指定相关对象。可以选择和清理以下对象类型：节点、直线、圆弧、圆和多义线。如果选中了系统不能清理的其他对象类型，如文字、块，系统会自动将它们从选择集中滤除。

指定要固定哪些对象。图形清理不会改变固定的对象——它们的位置（坐标）和几何图形已被固定。在图形清理过程中，固定的对象被用作参照点，而被清理的对象将向固定的对象移动。

指定要清理的对象、指定要固定的对象都可以采用 "全部选择"、"手动选择" 两种方式。

全部选择：Autodesk Map 将自动选择所有位于指定图层上的、所支持的对象。

手动选择：需要单击 "选择对象▣" 按钮，然后在图形中选择要处理的对象。

图层：输入包括在图形清理中的图层。这对"全部选择"、"手动选择"都适用，可以输入用逗号分隔的多个图层名。也可以从列表中选择所需的图层，单击"选择图层▣"按钮进行选择。系统默认的"*"号表示选择所有图层，包括已关闭的图层，但不包括锁定或冻结的图层（图 8-10）。

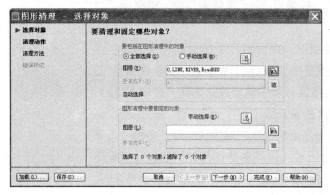

图8-10　图形清理—选择对象

⚠ **注意：**

★ 是否需要固定对象根据需要确定，一般无需设置固定的对象。

★ 道路中心线、道路分隔带、用地性质标注等图层，不参加图面清理，应先使用图层工具"冻结（不是关闭）"这些图层。

（2）"图形清理—选择动作"对话框

在"清理动作"列表中选择清理动作，然后单击"添加"，或按下鼠标键并将它拖到"选择的动作"列表中。要同时添加多个动作，在选择动作时按住 SHIFT 或 CTRL 键，然后单击"添加"。可以通过在列表中"向上"或"向下"箭头移动选定的动作，设置清理动作的顺序。

如果选择了"交互式"框，可以在更正前查看错误，查看检测到的错误列表，以便交互式地更正、标记或删除错误。如果不选择"交互式"框，Autodesk Map 将自动清理对象，直接报告清理结果。按需要决定是否选择"交互式"框（图 8-11）。

图8-11　图形清理—选择动作

(3)〝图形清理—清理方法〞对话框

使用此对话框指定清理过程完成后如何处理原始对象。清理方法是用于指定如何处理选定的清理对象。包括以下四种处理方法：

修改原始对象：可以修改原始对象。处理的图形将使用原始图层和许多原始对象。

保留原始对象并创建新对象：可以保留原始对象并将新对象放在指定的图层上。

删除原始对象并创建新对象：可以删除原始对象并将新对象放在指定的图层上。

转换选定对象：指定要转换哪些对象。可以用于将直线、圆弧、圆和三维多义线转换成多义线。

一般，建立地块多边形拓扑时，选择清理动作〝修改原始对象〞即可。一般也不需要选择〝转换选定对象〞(图 8-12)。

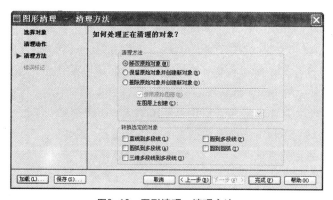

图8-12　图形清理—清理方法

单击〝完成〞按钮，系统使用当前设置执行图形清理操作。如果第二步中选择了〝交互式〞方式，系统将先指出错误点和类型，由用户进行交互式清理。如果没有选择〝交互式〞，系统自动完成清理。

8.5.3 清理动作的选择和排序

〝清理动作〞的排列顺序与清理的效果直接有关，某些清理动作的结果会影响到其他清理动作。如果清理动作顺序、允差设置不合理，甚至会导致图面错误越来越多。

要创建多边形拓扑，修正图面错误，必须使用到的清理动作有以下7种：〝删除重复项〞、〝打断交叉对象〞、〝延伸未及点〞、〝融合伪节点〞、〝删除悬挂对象〞、〝零长度对象〞、〝捕捉节点簇〞。为建立多边形拓扑，一般不需要使用〝删除短对象〞、〝简化对象〞、〝外观交点〞、〝清理多义线〞这四种清理动作。

◆ 本书建议 7 种清理动作使用顺序依次是：〝零长度对象〞——〝捕

捉节点簇"——"融合伪节点"——"延伸未及点"——"打断交叉对象"——"删除悬挂对象"——"删除重复项"。建议读者依次使用这 7 种清理动作。

◆ 建议每次仅进行一项清理动作。7 项清理动作分别进行，这样便于掌握清理的进程。没有绝对的把握，建议不要试图一次进行多个清理动作。

◆ 每一步清理动作，都需要反复进行一两次。直到系统报告"图形清理没有检测到错误"，那就意味着这一步清理顺利完成，此类错误已经完全被修正。然后进入下一步清理动作，直至 7 个动作完成。如果几次反复清理后，系统仍提示"检测到几处错误、修改了几处"等等；只要报告的错误不多（如少于 10 个），仍建议直接进入下一步清理动作，剩余的问题需要手工修正；如果报告的错误过多，那就有可能是允差设置的问题，要重新设置允差。

⚠ **注意：**

★ 牢记"删除悬挂对象"前必须进行"打断交叉对象"；"延伸未及点"前必须"融合伪节点"。这两组清理动作一般搭配进行。

★ 图形清理必然对图形进行修正，为此，要养成随时存盘的习惯。在某一步清理完成之后，建议先存盘，再进行下一步清理。

★ 清理动作的顺序和不同图形文件有关，没绝对的固定规律，要靠读者自己摸索、总结。本书给出的建议也只是适用于一般情况。

★ 设置"允差"不能过小，也不能过大。允差由规划范围的大小、允许的误差范围而定。一般来讲，允差应比规划图形数据必要的精度小一个数量级。例如，某规划要求精度到 0.1m，那么相应的允差应取 0.01m。在城市总体规划阶段，"允差"可以取值到 0.5 ～ 1m；而控制性详细规划阶段，"允差"可能要取值到厘米级。

★ 有关图形图面清理不同动作的具体意义、详细要求，参看本书第 7 章的 7.4 节。

8.6 创建地块多边形拓扑

图面清理完毕，可以开始创建地块多边形拓扑。但是图面清理完毕，并不意味着图面上已经没有任何错误。可能有部分图面错误无法自动清理，这些错误要么是超越了设置的允差范围，图面清理时没有自动纠正，要么是图面清理无法处理的"重复线"错误、"质心（标注块）重复"错误。所以，创建多边形拓扑是一个"创建—纠错—再创建"的反复过程。

⚠ **注意：**

★ 创建地块多边形拓扑时，必须打开标注用地性质属性块所在的图层，关闭并冻结和地块多边形边界无关的图层，如道路中心线图层、地形图层等。

创建地块多边形拓扑是通过选择菜单【Map】／【拓扑】／【创建】进行，也可以使用"拓扑"工具栏中的"创建拓扑工具🔲"进行。具体步骤如下：

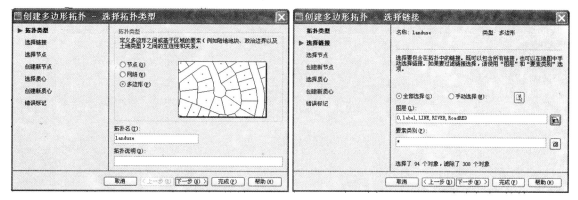

图8-13 "创建拓扑—选择拓扑类型"对话框　　　　　图8-14 "创建拓扑—选择链接"对话框

(1) "选择拓扑类型"对话框

选择菜单【Map】/【拓扑】/【创建】，进入"创建多边形拓扑—选择拓扑类型"对话框。该对话框用于选择要创建的拓扑类型并指定拓扑名称和说明（图8-13）。

在拓扑类型栏中，选择要创建的拓扑类型：多边形。

在"拓扑名"中输入自定义的拓扑名。在同一图形文件中，可以创建多个多边形拓扑，为此要输入拓扑名，并保持拓扑名唯一、不重复。

在"拓扑说明"中可以进一步输入拓扑的说明。说明最多可以包含255个字符。提供说明可以帮助用户及其他用户更容易识别该拓扑。一般可以不输入。

单击"下一步"显示下一个对话框。

(2) "选择链接"对话框

进入"创建多边形拓扑—选择链接"对话框，选择创建地块多边形拓扑所有链接的要素，包括道路红线、地块界线以及其他有关要素。有以下的选项（图8-14）：

1) 全部选择：使用指定图层上的所有链接创建拓扑。

2) 手动选择：仅使用选定的链接创建拓扑。

图层：指定要在其上搜索用于拓扑的对象的图层。默认为"*"，表示选择所有图层，不包括锁定或冻结的图层。

单击"下一步"显示下一个对话框。

(3) "选择节点"对话框和"创建新节点"对话框

由于创建地块多边形拓扑不涉及到节点，直接连续单击"下一步"，跳过这两个对话框。

(4) "选择质心"对话框

选择标注用地性质属性块作为多边形拓扑的质心（图8-15）。在"块名称"中输入标注用地性质的属性块名称，或者单击右面的图标"⬚"，手动选择属性块的名称，将标注用地性质的属性块定义为质心。单击"下

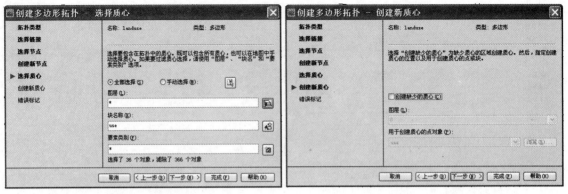

图8-15　"创建拓扑—选择质心"对话框　　　图8-16　"创建拓扑—创建新质心"对话框

一步"，显示下一个对话框。

(5) "创建新质心"对话框

由于已经为每一个地块标注了用地性质，无需创建新质心，去掉"创建新的质心"前的钩选"√"。单击"下一步"，显示下一个对话框(图8-16)。

(6) "设置错误标记"

使用此对话框指定标记错误的方式。系统可以用"亮显"或者"用块标注错误"两种方式标示出拓扑错误。建议采用"用块标注错误"方式。可以标记以下错误类型：缺少的质心、交点（重复的对象）、重复的质心、不完整区域的链接，还可以设置标记的大小、形状和颜色。一般不需要改变默认的设置。直接单击"完成"。

如果图面上尚存在错误，系统运行后，会提示创建拓扑失败，表明尚存在错误，无法建立拓扑（图8-17）。

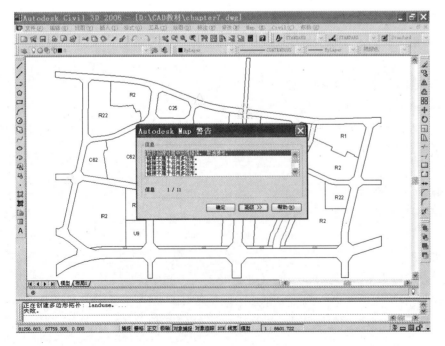

图8-17　建立拓扑失败

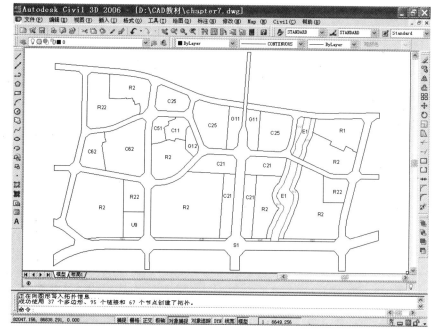

图8-18 地块多边形拓扑创建成功

用"黄色三角形图块"标出的有可能"悬挂线"错误、也有可能是"未及点"错误。

用"绿色八边形"标出的是"重复线"错误。

用"红色正方形"标出的是"质心重复"错误。

如果错误较少，可以采取手动编辑的方法修改错误；如果错误较多，需要再次进行图面清理，改变允差进行清理。

修改完错误，重复创建多边形拓扑。如此，循环重复几次，直至成功创建地块多边形拓扑。系统会提示成功创建了拓扑（图8-18）。系统会提示：

正在创建多边形拓扑……

正在向图形写入拓扑信息……

成功使用 xx 个多边形、xx 个链接和 xx 个节点创建了拓扑。

⚠ 注意：

★ 重建拓扑关系前，应先删除系统标注错误的图块。

★ 手动修改错误之后，再次创建拓扑之前，建议也进行图面清理，按本书的清理次序："零长度对象"——"捕捉节点簇"——"融合伪节点"——"延伸未及点"——"打断交叉对象"——"删除悬挂对象"——"删除重复项"进行，这样效果会更好。

地块多边形拓扑创建之后，在质点（属性块）拓扑对象数据表中，存储了多边形面积等拓扑属性，可以通过菜单【修改】/【特性】显示查看。

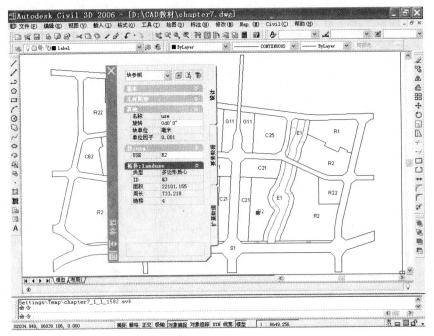

图 8-19 建立多边形拓扑，质心上存储了地块多边形的有关属性

具体方法是，选用菜单【修改】/【特性】，再选择用以标注性质的属性块，就可以看到其中增加了"拓扑：XXXX"一栏（XXXX为拓扑名称），其中可以看到地块多边形面积、周长等（图8-19）。如果特性选项卡上没有"拓扑：XXXX"一栏，就说明拓扑其实没有创建成功，或者是属性块并没有作为质心加入多边形拓扑，必须重新创建拓扑。

8.7 生成用地平衡表

建立了地块多边形拓扑，可以输出有关信息，直接用于制作用地平衡表（或用地汇总表）。使用菜单【Map】/【工具】/【输出】进行，也可以使用"Map"工具栏中的输出地图工具"🗺"进行。生成用地平衡表共需四个步骤。

8.7.1 选择输出文件名

选择菜单【Map】/【工具】/【输出】，出现"输出位置"对话框。必须将"输出文件类型"选择为 ESRI Shape（*.shp），用户输入文件名和保存文件路径（图8-20）。选"确定"，进入下一个"输出"对话框。

图8-20 选择输出文件类型

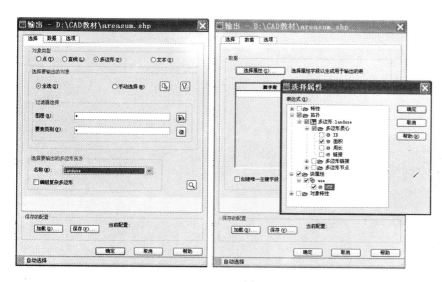

(左) 图8-21 确定输出文件
类型

(右) 图8-22 选择输出的属性数据

8.7.2 确定输出的对象类型

"输出"对话框具有以下选项卡: "选择"选项卡、"数据"选项卡、"选项"选项卡。进入"选择"选项卡,进行如下设置 (图 8-21):

对象类型: 选择多边形

选择要输出的对象: 全选

过滤器选择: (采用默认方式)

图层: *

要素: *

选择要输出的多边形拓扑: 下拉式选择地块多边形拓扑名称

8.7.3 选择输出的属性数据

进入"数据"选项卡,单击"选择属性"按钮将显示对话框。在"表达式"列表中,单击类别旁边的"+",展开列表。在其中依次单击展开"拓扑——多边形: <多边形拓扑名>——多边形质心——面积",钩选"面积"前的小方框。继续选择展开"块属性——<用地性质属性块名>",钩选"<用地性质属性块名>"前的小方框 (图 8-22)。这样,输出的文件中就包含了多边形面积 (来自于多边形质心) 和用地属性 (来自于块属性)。

按"确定"完成输出。输出的"ESRI 的 Shape 文件"格式是 GIS 软件 ArcGIS 和 ArcView 的专用数据格式,是一组同名的文件 (文件后缀名不同)。其中包含一个后缀名为 dbf 的文件,用于存储输出后的地块多边形属性数据,其中存储了地块多边形面积和用地性质,可以用以计算用地平衡表。想详细了解 Shape 文件格式和应用,有兴趣的读者可以继续查阅有关 ArcGIS 和 ArcView 的书籍。在本书中,只是借助 Shape 中的 dbf 文件,达到输出"用地性质"、"地块面积"的目的。

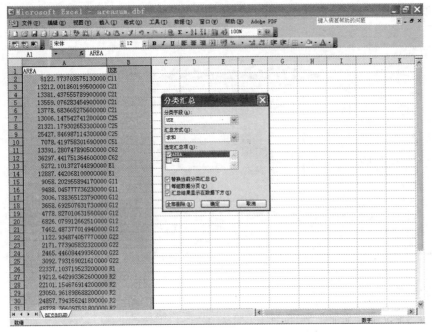

图8-23 在Microsoft Excel中制作用地平衡表

8.7.4 使用 Microsoft Excel 进行用地面积汇总和用地平衡

用地平衡表的计算、制作可以用 Microsoft Excel 进行。使用 Excel 可以直接打开、编辑 dbf 文件。打开 dbf 文件，可以看到有其中用地面积、用地性质（图 8-23）。

具体方法为：

◆ 排序

在 Excel 中，选择菜单【数据】/【排序】，以"用地性质"为主要关键字，对表格进行排序。

◆ 分类汇总

在 Excel 中，选择菜单【数据】/【分类汇总】，以"用地性质"为分类字段，汇总方式设为"求和"，设定"面积"为选定汇总项，进行汇总，可以得到不同性质用地的汇总面积。

◆ 制作用地平衡表

不同规划阶段的用地平衡表、用地汇总表的格式有所不同。具体可根据不同的要求在电子表格中进一步加工处理。

8.8 填充色块

根据不同的用地性质，为地块多边形填充不同的色块。由于已经建立了地块多边形拓扑，可以采用自动生成、手工生成两种方式进行。

8.8.1 手工填充色块

建立地块多边形拓扑之后,可以直接使用"bhatch"命令进行色块填充。由于已经建立了多边形拓扑,无论多复杂的地块边界,再不会出现填充色块失败的情况。手工填充色块的好处是可以分层填充,一种用地性质的色块使用一个图层;缺点是比较费时,速度较慢。

⚠️ **注意:**

★ 由于用地面积已经生成,此时填充时,执行"bhatch"命令不再需要选择保留边界。

8.8.2 自动生成填充

创建了地块多边形拓扑,使用 Autodesk Map 的"拓扑专题查询"功能,根据地块多边形的用地性质,自动生成填充色块。具体方法为:

◆ 新建"用地填充"图层,并将其设置为当前图层。

◆ 选择菜单【Map】/【查询】/【拓扑专题查询】,进入"拓扑专题图"对话框 (图 8-24)。

◆ 选择要填充的拓扑。在"选择对象"栏中点"加载"按钮,加载已经建立的地块多边形拓扑。

◆ 定义分类填充的专题表达式。在"专题表达式"栏中,点选"数据"类型,再点"定义"按钮,在跳出的"数据表达式"对话框中选择"属性",在下拉式框中,选择用作标注的属性块名称(图 8-25)。点击"确定",返回拓扑专题查询对话框。

◆ 设置填充色表。在"显示参数"栏中,在"显示特性"中选择"填充",之后击点"定义"按钮,进入"专题显示选项"对话框中 (图 8-26),点"添加"按钮,会跳出"添加范围"对话框,该对话框是用来设置填充色表的,需要设置的是"颜色"和"值"两个参数。

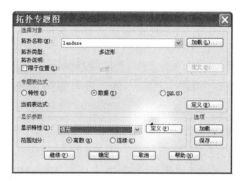

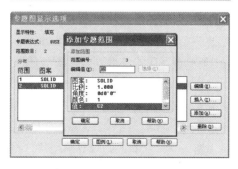

(上)图8-24 "拓扑专题图"对话框

(中)图8-25 "定义专题表达式"图

(下)图8-26 定义专题显示选项,设置填充色表

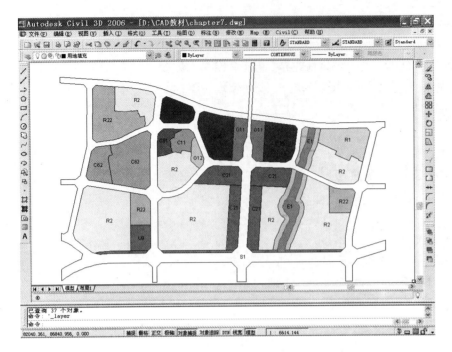

图8-27　自动完成用地性
质色块填充

例如，对于用地性质为 R2 的地块填充 50 号（黄）色，就将"颜色"
设为"50"，"值"设为"R2"；用地性质为 C2 的地块填充 1 号（红）色，
就将"颜色"设为"1"，"值"设为"C2"。依次设置每类用地的对应颜
色和值。

点"确定" 返回"拓扑专题查询"对话框，点"保存 save"按钮，
可以将设置填充色表保存以便以后重复使用。

执行填充。点"继续"按钮，系统自动完成所有地块多边形的填充色块。
点击"确定"退出对话框（图 8-27）。

"拓扑专题查询"也可以通过使用"Map"工具栏中的制作专题图工
具"　"来启动"拓扑专题图"对话框进行。自动填充色块好处是速度快，
根据用地性质直接生成，不用人工干预；缺点是自动填充都在同一个图
层上。

8.9　调整图层显示顺序

调整图层显示顺序，目的是为了使土地使用图的显示、输出符合城
市规划制图要求。城市规划制图要求城市规划图上应能看出原有地形、地
貌、地物等要素，所以，根据 AutoCAD 的特点，各种类型的图层显示顺
序如下（自下而上）：

- 色块类图层——所有的土地使用性质填充
- 地形所在图层——一般采用外部引用 DWG 文件或栅格图像
- 线要素图层——包括道路图层、所有的地块界限图层

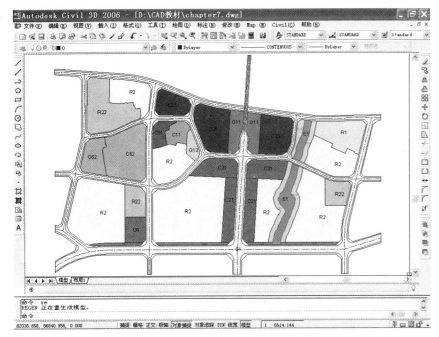

图8-28　调整图层显示顺序
完毕

• 注记文字类图层——包括用地性质标注、图框、图例、其他文字等等。

使用菜单【工具】／【显示顺序】／【前置】／【后置】命令，配合图层关闭、冻结来进行各个图层显示顺序的调整（图 8-28）。

8.10　使用标准 AutoCAD 制作土地使用图

以上介绍了使用 Autodesk Map 辅助土地使用规划的方法，使用了 Autodesk Map 特有的功能，如图面清理、多边形拓扑、拓扑专题查询等。如果读者使用标准 AutoCAD,在土地使用规划中的应用步骤和方法就不同。建议的步骤简述如下：

◆ 前期准备

包括道路绘制、绘制地块边界。

◆ 标注用地性质

由于在标准 AutoCAD 中无法创建地块多边形拓扑，标注用地性质仅仅是为了便于校对和检查。可以使用普通文字（text）进行标注。如果地块不多，也可以省去这一步。

◆ 填充色块

直接使用"bhatch"命令进行填充色块。为便于面积计算,执行"bhatch"命令，需要选择需要保留边界。由于 AutoCAD 的 "hatch" 和 "bhatch" 命令本身不完善，遇到填充边界较为复杂,尤其是有连续曲线，往往填充失败，无法产生填充。

◆ 计算面积

填充完毕，根据"bhatch"产生的封闭边界，使用"Area"命令，手工计算各类用地的面积。得到面积也需要手工进行汇总。这一步工作要仔细、要有耐心。

◆ 调整图层显示顺序

调整显示顺序与前述的使用 Autodesk Map 进行显示调整方法要求一样，不再重复。

⚠️ **注意：**

★ 填充色块时，必须采用分层填充，一种用地性质的色块使用一个图层，以便于以后的面积计算。

★ 填充色块时，必须采用分地块填充，一个地块执行一次填充命令。切勿一次选择多个地块填充，一次完成多个地块虽然快，但是得到的多个填充是一个实体，以后修改会十分麻烦。

★ 可以使用一些市面上有的第三方开发的小工具（插件、小程序）来计算、汇总用地面积。但是，要提醒各位读者注意：这些工具都有不完善的地方。尤其是边界复杂、连续曲线多的多边形边界，往往会产生明显的计算错误。所以不可绝对信赖这些小程序，必须十分小心，遇到计算不规则的凹多边形、曲线边界多边形面积，最好手工复核一下。

本章小结

使用 Autodesk Map 进行辅助土地使用规划，一般需要"前期准备——属性块标注用地性质——图面清理——建立拓扑——输出用地平衡表——填充色块——调整图层的显示顺序"七个步骤。图面清理的目的是自动消除图面上的错误，便于建立多边形拓扑关系。但是，还是会有一些图面错误无法用"图面清理"自动完成。在建立拓扑关系时，由系统指出错误，用户手工编辑纠错，往往需要经过几次反复循环，才能成功地建立拓扑关系。有了地块多边形拓扑，就可以自动进行色块填充，并得到地块面积，制作用地平衡表。调整图层显示顺序目的是为了图纸最后的输出达到城市规划制图的要求。

使用 Autodesk Map 辅助土地使用规划，有两大优势。第一个优势是：自动生成用地面积，精确、可靠，可以进一步汇总用地面积，计算用地平衡表；第二大优势是：不会出现填充失败的问题。AutoCAD 的"hatch"、"bhatch"命令遇到填充边界复杂、连续的曲线，往往无法产生填充。经过多边形拓扑处理，再也不会产生类似问题。利用拓扑专题查询，自动生成填充更是方便迅速。

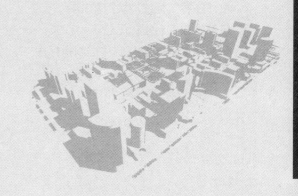

9 控制性详细规划中的控制指标图

制定地块控制指标是控制性详细规划的主要内容之一，工作成果包括控制指标图、地块控制指标汇总表。本章将介绍如何利用 Autodesk Map 辅助制定地块控制指标，制作控制指标图，生成各地块控制指标表。本章同时兼顾使用标准 AutoCAD 为工具的读者，最后简述使用标准 AutoCAD 制作控制指标图的方法和注意要点。

本章重点
1. 控制指标图的内容
2. 用"注释"标注地块控制指标
3. 自动生成控制指标汇总表
4. 使用标准 AutoCAD 制作控制指标图

9.1 控制指标图的内容

按照现有控制性详细规划的编制要求，控制指标图图面内容一般包括以下三个部分：

• 道路

控制性详细规划要求绘制的道路，必须包括：道路中心线、道路红线、缘石线、机非分隔带（三块板、四块板道路）、中央分隔带（两块板、四块板道路）等要素。

• 地块界线

围合地块的边界线。

• 指标

控制性详细规划的规定性指标，一般包括以下 7 个：

(1) 用地性质；

(2) 建筑密度（建筑基底总面积／地块面积）；

(3) 建筑控制高度；

(4) 容积率（建筑总面积／地块面积）；

(5) 绿地率（绿地总面积／地块面积）；

(6) 交通出入口方位；

(7) 停车泊位及其他需要配置的公共设施。

一般直接标注在控制指标图上的指标包括："用地性质"、"建筑密度"、"建筑控制高度"、"容积率"、"绿地率" 5 个，此外，还必须包括"地块编号"和"地块面积"。交通出入口方位难以直接用简短的指标表示，一般不在控制指标图上直接表达；停车泊位及其他需要配置的公共设施等要求也难以用简要指标描述，一般也不在控制指标图上直接表达。图 9-1 是绘制完成的控制指标图范例。

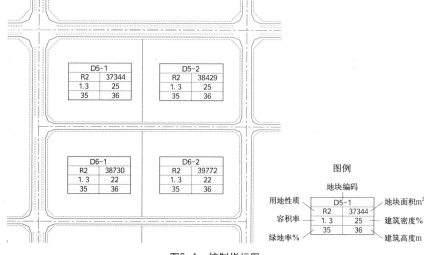

图9-1　控制指标图

9.2　控制指标图的前期准备

前期准备工作包括：①道路绘制；②绘制地块边界；③用属性块标注用地性质；④建立地块多边形拓扑，将标注用地性质的属性块定义为多边形拓扑的质心。这四个步骤的要求与本书"第8章　土地使用规划"完全一致，此处不再重复。控制性详细规划中，使用 Autodesk Map 建立了地块多边形拓扑，完成土地使用规划，就可以直接进入控制指标制作（图9-2）。

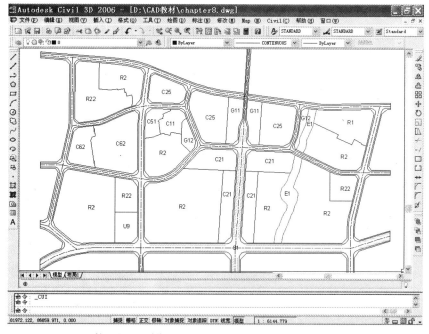

图9-2　控制指标图前期准备——标注用地性质，建立地块多边形拓扑

⚠ **注意：**

★ 在前期准备阶段，也可以用属性块标注"地块编码"。建立拓扑关系时，将该属性块定义为多边形拓扑的质心，那么下面定义注释样板时，要将"地块编码"指标的数据源设为块属性，可以完成地块编码自动输入；而相应"用地性质"指标则需要手工修改注释输入。

9.3 Autodesk Map 中的"注释（Annotation）"

在控制指标图上标注指标的基本思路是：使用 Autodesk Map 注释（Annotation）功能。Autodesk Map 中的注释功能可以在对象上标记文字值。这些文字值可以是属性（例如对象数据）、显示特性（例如线宽）或几何值（例如直线方向）。此外，注释中还可以使用标准 AutoCAD 绘图命令将图形（例如静态文字或其他几何图形）添加到注释中。具体包括以下三个步骤：

◆ 定义注释样板（Annotation Template）：将所需要的指标文字和标注指标的辅助线绘制成注释样板。根据不同指标的特点，分别用对象数据、普通文字、属性文字表示各个指标。

◆ 插入注释：将注释文字插入控制指标图。

◆ 修改注释，输入指标：逐个修改插入的注释，输入各个地块的规划指标。

9.4 定义指标的注释样板

注释样板（Annotation Template）是用来定义要在注释中显示的信息种类和信息布局。创建注释样板后，可以向图形中插入注释。

9.4.1 规划控制指标及其数据来源

控制性详细规划中，一般需要标注的规划指标包括："地块编号"、"地块面积"、"用地性质"、"容积率"、"建筑密度"、"建筑控制高度"、"绿地率" 7 个。在 Autodesk Map 中，由于已经建立了地块多边形拓扑，"地块面积"可以从多边形拓扑的质心对象数据表中直接获取。按照本书第 8 章中的方法，在输入地块线时，将标注用地性质的属性块作为多边形拓扑质心，"用地性质"指标可以直接由该属性块的属性获取。"地块编码"、"建筑密度"、"建筑控制高度"、"容积率"、"绿地率" 5 个指标则需要用户手工输入。

9.4.2 创建注释样板

在 Autodesk Map 中创建和插入"注释样板"的操作与"块"创建和插入非常相似。具体操作步骤为：

◆ 创建新图层

为注释建一个新的图层，并设置为当前图层

◆ 键入样板名

在菜单栏中，选择【Map】／【注释】／【定义注释样板】，进入"定义注释样板"对话框，单击"新建"，在"新注释样板名"对话框中，键入样板名并单击"确定"（图9-3）。

图9-3 "定义注释样板"对话框

◆ 定义样板

系统将自动开启"地图注释样板编辑"图形窗口。在此窗口中定义样板（图9-4）。

◆ 绘制控制指标的辅助线、框

为便于插入时定位，指标框的左下角应位于坐标原点（0，0）（图9-5）。

◆ 设置用地性质指标

单击"注释样板"工具栏上的"编辑注释文字"按钮" "，然后直接按 Enter 键，打开"注释文字"对话框，从中指定要包含在注释样板中的指标。在"注释文字"对话框中的"属性"下，输入注释文字的"标记"名和"值"（图9-6）。

设置"用地性质"指标时，应指定其数据来源是用地性质属性块。单击"值"后面的" "按钮进行选择。在出现的"表达式选择器"对话

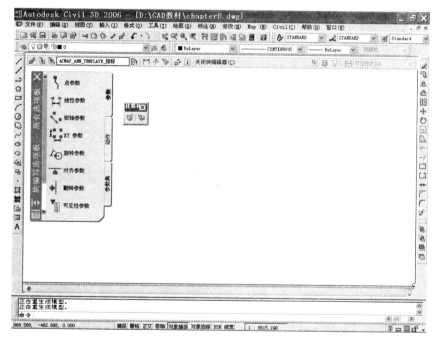

图9-4 进入"地图注释样板"编辑窗口

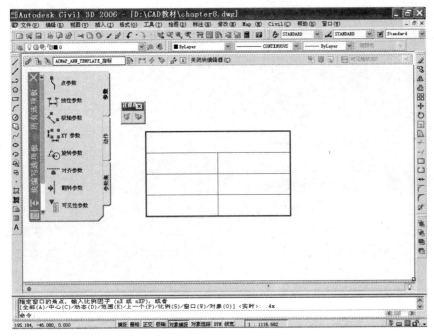

图9-5　绘制注释样板的辅助线、框

图9-6　输入注释文字的"标记"
　　　　名和"值"

图9-7　选择用地性质指标的数据来源

框中选择"块属性——XXX——YYY"，其中 XXX 为属性块块名，YYY 为用地性质属性名称（图9-7）。

设置用地性质指标的数据来源之后，还需要在对话框中设定该注释的所在的图层、颜色、线宽、文字样式、字高、文字旋转、文字对准等，按用户需要进行设置，并无特别的要求，只要保证美观即可。设置完毕，退出该对话框，在地图注释样板编辑窗口中，单击确定该注释的起始位置（图 9-8）。

◆ 设置地块面积指标

设置"地块面积"指标的时候，指定其数据来源于地块多边形拓扑对象数据表中的面积（Area）字段。单击"值"后面的"🖼"按钮进行选择。在出现的"表达式选择器"对话框中选择"拓扑——多边形：XXXX——多边形质心——面积"。（其中 XXXX 为"多边形拓扑名"），由建立多边形

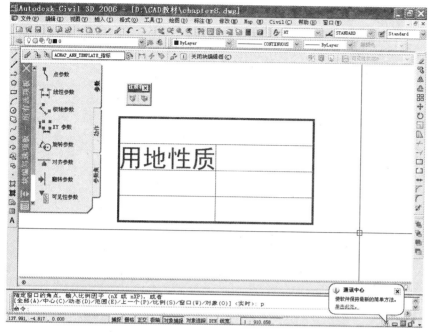

图9-8 编辑注释文字"用地性质"完毕

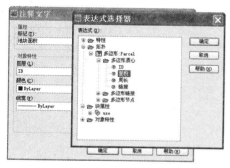

图9-9 选择地块面积指标的数据来源

图9-10 对地块面积指标的数值进行取整

拓扑时输入（图9-9）。单击"确定"，此时在对话框中显示为"：AREA@ TPMCNTR_XXXX"（其中"XXXX"为多边形拓扑名）。

直接引用地块多边形拓扑中的面积值，一般会留有多位小数，不符合城市规划指标要求，为此需要对面积值进行计算处理。Autodesk Map 提供了对注释对象进行计算的表达式的功能。在控制性详细规划中，地块面积值使用"平方米"为单位，一般精确到个位即可。此时，需要对表达式进行修改（多边形拓扑名为 XXXX），将表达式修改为：

(fix (+ :AREA@TPMCNTR_XXXX 0.5))

函数 fix 是 Autodesk Map 中的取整函数。计算结果是返回原始数据的整数值，但并不是按照四舍五入的计算规则，而是直接去除小数得到整数。如 89.54，直接用 fix 函数取整，得到数值是 89 而不是 90。所以必须采用以上的表达式进行计算，必须先加 0.5 再取整，即得到四舍五入的整数值

（图 9-10）（其中 XXXX 为多边形拓扑名，下同）。

如果地块面积需保留 2 位小数，精确到百分位，则将表达式修改为：

(/(fix(+(* :AREA@TPMCNTR_XXXX 100)0.5)))100)

如果地块面积保留 1 位小数，精确到十分位，则将表达式修改为：

(/(fix(+(*: AREA@TPMCNTR_XXXX 10)0.5)))10)

其他保留多位小数的计算表达式依次类推。

⚠ **注意：**

★ 在以上的表达式中，每一个符号、变量、函数名称都应该用一个空格隔开，否则表达式无法为系统所识别。

设置地块面积指标的数据来源之后，也需要在对话框中设定该注释的所在的图层、颜色、线宽、文字样式、字高、文字旋转、文字对准等特性。并在图上指定"地块面积"指标起始位置。

◆ 设置其他规划指标

"地块编号"、"建筑密度"、"建筑控制高度"、"容积率"、"绿地率" 5 个指标无法从已有的属性数据中获取，必须由用户手工输入。依次打开 "注释文字"对话框，在"注释文字"对话框中的"属性"下，依次输入注释各个指标的"标记"名和"值"。

设置以上五个指标的注释文字之后，同样也需要在对话框中设定该注释所在图层、颜色、线宽、文字样式、字高、文字旋转、文字对准等特性，并在图上指定各个指标注释的起始位置（图 9-11）。

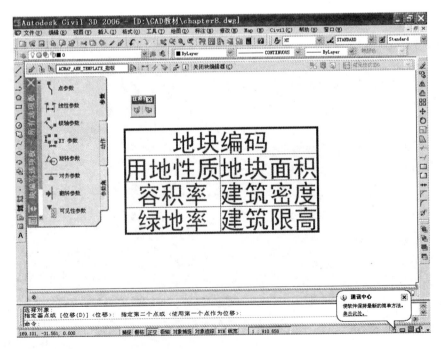

图9-11 编辑注释文字输入完毕

注意：

★ 指标输入时，"值"一项可以输入默认值。合理利用默认值，可以提高指标输入的速度。如果大多数地块的建筑密度指标是 35％，可以直接输入"值"为 35。这样，下一步插入注释时，该项指标会直接显示为默认值 35，接下来仅仅修改建筑密度指标不是 35 的地块的对应指标即可。

◆ 保存注释样板，返回"定义注释样板"对话框

注释样板文字标注有错误，也使用"注释样板"工具栏上的"编辑注释文字"按钮"▣"，选择需要修改的注释文字，进行修改。

注释样板输入完毕，单击"注释样板"工具栏上的"保存注释文字"按钮"▣"，保存注释样板，并返回控制指标图中"定义注释样板"对话框。

◆ 设置注释的特性

在"定义注释样板"对话框中，进一步指定注释所在的图层、颜色以及注释的插入选项（插入点、比例、旋转）等。建议选择注释的插入点为地块多边形拓扑的质心。在下拉框中选择".CENTROID"（图 9-12），单击"确定"完成注释样板的定义。

图9-12 设置注释的特性，注意将插入点设置为质心

注意：

★ 在注释样板中添加多条注释文字，每条文字都必须使用唯一的样板标记名。

★ 注释样板中的注释文字、辅助线以及样板本身应放在同一图层中，便于图层管理。

★ 注释样板本身的大小、文字注释的字高要根据地块的大小、图纸输出的比例确定。

9.5 插入注释样板

将定义完毕的注释样板插入。在菜单栏中，选择【Map】/【注释】/【插入注释】，在"插入注释"对话框中勾选要插入的注释样板，然后单击"插入"按钮（图 9-13）。

系统会提示"选择需要
注释的对象",要求用户选择
要标注的对象；依次选择所有
用作多边形质心的属性块（表
示用地性质），按回车结束标
注。标注结果如图9-14所示。
所有的指标均已经标注在各个
地块上，其中，"用地性质"
和"地块面积"已经自动输入。

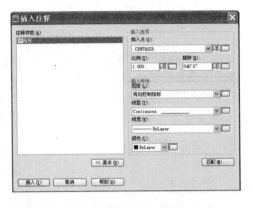

图9-13 "插入注释"对
话框

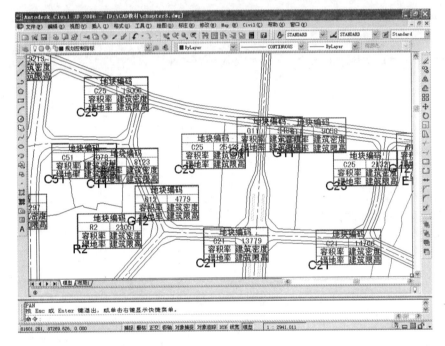

图9-14 插入规划指标注
释，其中用地性
质和地块面积已
自动输入

⚠️ **注意：**

★ 地块较多时，可以冻结所有其他图层，仅打开表示质心的属性块
所在图层，使用框选，就可以同时标注所有的地块，一次完成指标注释标注。

9.6 修改注释，输入其余指标

插入的注释实际上是一个带有属性块的实体。其中"地块编号"、"建
筑密度"、"建筑控制高度"、"容积率"、"绿地率"5个指标尚需要人工修
改输入。有多种输入方法可以使用：

• 使用菜单【修改】/【特性】，选择各个注释，进行输入。

• 直接用鼠标双击需要修改的注释，弹出"增强属性修改器"，在其
中依次输入。

◆ 使用"ddatte"命令或"attedit"命令，依次选择每一个注释，在编辑属性对话框中输入（图9-15）。

使用这些命令逐个输入各个地块的其余规划指标，完成控制指标图的绘制（图9-16）。

图9-15 用"ddatte"命令，修改输入其余的指标

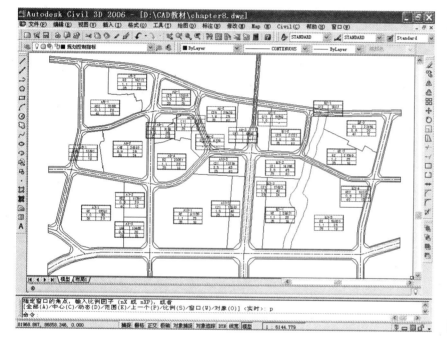

图9-16 控制指标输入完毕

⚠ **注意：**

★ 如果地块多边形有了修改，必须重建多边形拓扑。但是，已经插入的注释中标注"地块面积"不会根据多边形面积变化自动刷新。为此，需要选择菜单【Map】/【注释】/【刷新】进行刷新修改，"地块面积"指标将刷新为新值。

★ 如果对注释样板进行了修改，已经插入的注释也不会自动更新，需要选择菜单【Map】/【注释】/【更新】进行更新修改，已经插入的注释会按照新样板的格式进行更新。

9.7 输出地块规划指标，生成地块指标汇总表

控制性详细规划的文本和说明书中，"规划地块指标汇总表"是重要

规划成果之一。使用 AutoCAD 的
"属性提取"功能可以提取指标注
释，保存为文本文件（*.txt），也
可以直接保存为 Microsoft Excel 的
电子表格文件（*.xls）。具体操作
为：选菜单【工具】/【属性提取】，
按对话框中的提示一步步完成即
可。该对话框有多个步骤。其中，
每一步骤的选择建议如下：

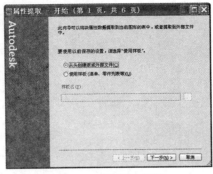

图9-17　属性提取—开始

◆ 开始——选择"从头开始建表或外部文件"（图 9-17）。

◆ 选择图形——选择"当前图形"（图 9-18）。

◆ 选择属性——块名：需要勾选注释样板名；一般块名为：
"ACMAP_ANN_TEMPLATE_XXX"（XXX 是注释样板名称）。不必选择其他块，
选择需要输出的 7 个指标，同时去除其他不需要的属性块的勾选（如名称等）
（图 9-19）。

◆ 结束输出——可以预览输出的文件格式，还可以在其中调整各个属性
的排列顺序。勾选"外部文件"，在其下方输入文件名和路径（图 9-20a）；
也可以单击图标"□"，在弹出对话框中设置（图 9-20b）。支持四种文件输

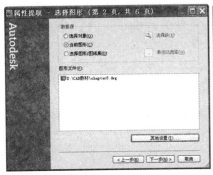

图9-18　属性提取—选择图形

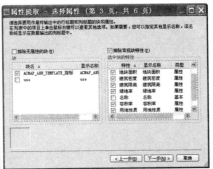

图9-19　属性提取—选择属性

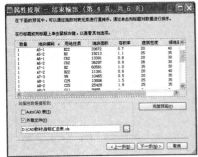

(a)

(b)

图9-20　属性提取—结束输出

(a) 结束输出（勾选"外部文件"）；(b) 结束输出（单击图标，在弹出对话框中设置）

出格式：CSV（逗号分隔的文本文件）、TXT（制表符分隔的文本文件）、XLS（Microsoft Excel 的电子表格文件）、MDB（Microsoft Access 的数据库文件）。XLS 格式较常用，可直接用 Excel 进一步编辑，制作表格。

◆ 完成 ——可选择将以上设置保存为样板文件，供以后重复使用。单击"完成"结束属性提取（图 9-21）。

输出的地块规划指标保存为 Microsoft Excel 的电子表格文件（*.xls），可以在 Excel 中进一步编辑成需要的格式（图 9-22）。直接使用属性提取生成"规划地块指标汇总表"，方便快捷，也避免了手工制表容易引起的图上指标与文本指标不一致的错误。

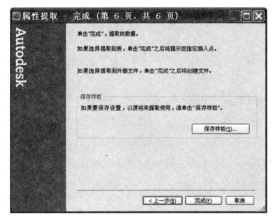

图9-21 属性提取—完成

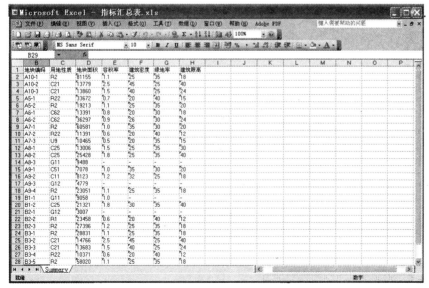

图9-22 在Excel中制作地块指标汇总表

9.8 使用标准 AutoCAD 制作控制指标图

以上介绍的是使用 Autodesk Map 绘制控制性详细规划的控制指标图,利用了 Autodesk Map 的特有功能,如拓扑、注释等。如果读者使用标准 AutoCAD,制作控制指标图的步骤和方法就所不同。建议的步骤和要点简述如下:

◆ 前期准备

前期准备工作包括道路绘制、地块边界输入。

◆ 定义指标的属性块

单独新建一个 DWG 文件,先绘制指标标注的辅助线框。使用菜单【绘图】/【块】/【属性定义】,依次用属性文字定义"地块编号"、"地块面积"、"用地性质"、"建筑密度"、"建筑控制高度"、"容积率"、"绿地率" 7 个指标。保存该文件。

◆ 插入属性块

将上一步定义的 7 个指标属性的文件,使用 " Insert" 命令作为外部块插入。在每一个地块中,依次插入一个块,依次根据系统提示输入"地块编号"、"地块面积"、"用地性质"、"建筑密度"、"建筑控制高度"、"容积率"、"绿地率"的相应指标。也可以只插入一次属性块,用 Copy 命令复制到每一个地块中,依次用修改属性的 "ddatte" 命令或 "attedit" 命令修改每一个地块的指标。由于标准的 AutoCAD 没有拓扑关系,所以地块面积必须预先由手工量算得到。事先用"bpoly"命令产生闭合多边形,用"area"命令手工量算地块面积。

◆ 输出属性为"地块指标汇总表"

"输出属性"与前面介绍过的"输出注释"一样,都使用菜单【工具】/【属性提取】进行,每一步操作选择也相同。

本章小结

本章介绍了使用 Autodesk Map 制作控制指标图,并直接输出"地块指标汇总表"的方法。其中,利用了 Autodesk Map 的多边形"拓扑",自动产生面积;利用"注释"标注指标,可以方便地自动标注地块面积和用地性质;使用"属性提取",输出指标为 XLS 文件或 TXT 文件,便于进一步编辑。

如果仅使用标准的 AutoCAD,仍可以使用"属性块"标注地块指标,也可以直接输出"地块指标汇总表";但是不能自动计算和标注地块面积,只能手工量算。当地块较多时,工作量很大,而且曲线为边界的地块,用"bpoly"命令产生闭合多边形时,常会产生计算错误,就无法手工量算面积。对比之下,使用 Autodesk Map 制作控制指标图可提高工作效率。

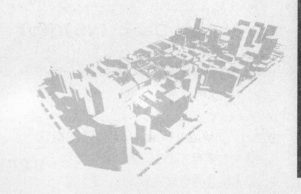

学习本章要求一定的编程基础。如果没有学过 Visual Basic for Application (VBA)，也可以阅读本章，获得一些基本知识。如果有兴趣深入学习 VBA，可参考其他资料，这方面的教材很多。

本章重点

1．Visual Basic（VB）简介

2．AutoCAD VBA 的概念及运行

3．AutoCAD VBA 编程基础

10.1　Visual Basic（VB）简介

Visual Basic（VB）是一种可视化的、面向对象的、采用事件驱动方式的结构化高级程序设计语言。具有简单易学，容易掌握的优点。

10.1.1　Visual Basic 应用程序的构成

通常应用程序是由一系列指令集组成，用来使计算机根据指令完成特定的操作。应用程序结构指的是组织指令的方式、方法，即指令存放的位置和指令的执行顺序。应用程序越复杂，对组织或结构的要求也越高。

Visual Basic 应用程序通常由"窗体模块"、"标准模块"和"类模块"三种模块组成。图 10-1 显示了在工程窗口中的这三种模块。

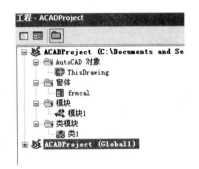

图10-1　工程窗口中的三种模块

（1）窗体模块

在 Visual Basic 中，一个应用程序包含一个或多个窗体模块（其文件扩展名为 .frm）。在屏幕上所看到的窗体是由其属性规定的，这些属性定义了窗体的外观和内在特性。每个窗体模块分为两部分，一部分是作为用户界面的窗体，另一部分是执行具体操作的代码。如果用文本编辑器打开一个 .frm 文件，就可以看见代码。

每个窗体模块都包含事件过程，即代码部分，这些代码是为响应特定事件而执行的指令。在窗体上可以含有控件，窗体上的每个控件都有一个相对应的事件过程集。

（2）标准模块

标准模块（文件扩展名为 .BAS）完全由代码组成，这些代码不与具体的窗体或控件相关联。标准模块中的过程可以被窗体模块中的任何事件调用。

(3) 类模块

可以把类模块（文件扩展名为 .CLS）看作没有物理表示的控件。标准模块只包含代码，而类模块既包含代码又包含数据。每个类模块定义了一个类，可以在窗体模块中定义类的对象，调用类模块中的过程。初学者一般不采用这种方式。

这三种模块可以通过"工程"菜单中的"添加窗体"、"添加模块"、"添加类模块"来完成。对于简单的程序，通常只有窗体模块。

10.1.2　事件驱动的工作方式

基于对象的事件驱动是 Visual Basic 编程的一个重要的特点。

所谓"事件"就是可以由窗体或控件识别的操作。在响应事件时，事件驱动应用程序执行指定的代码。Visual Basic 的每个窗体和控件都有一个预定义的事件集，当其中的某个事件发生，并且在相关联的事件过程中存在代码时，Visual Basic 将执行这些代码。

Visual Basic 中的对象能自动识别预定义的事件集，但必须通过代码判定它们是否响应具体事件以及如何响应具体事件。代码（即事件过程）与每个事件对应。为了让窗体或控件响应某个事件，必须编写代码以描述这个事件的过程（本章 10.4 节　空间构成设计的实例 2 将具体介绍）。

事件驱动应用程序的典型操作序列为：

(1) 启动应用程序，加载和显示窗体。

(2) 窗体或窗体上的控件接收事件。事件可以由用户引发（例如键盘操作），可以由系统引发（例如定时器事件），也可以由代码间接引发（例如，当代码加载窗体的 Load 事件时）。

(3) 如果相应的事件过程中存在代码，则执行该代码。

(4) 应用程序等待下一次事件。

用 Visual Basic 进行程序设计，除了设计界面外，就是编写代码。对于简单的程序，编写的代码主要是事件过程中的代码。

10.1.3　用 Visual Basic 开发简单的应用程序的一般步骤

由于 Visual Basic 的对象已被表现为窗体和控件，因而大大简化了程序设计。一般来说，在用 Visual Basic 开发应用程序时，需要以下三步：①定义界面；②设置属性；③编写代码。

10.2　AutoCAD VBA 简介

VBA（Visual Basic for Applications）是内嵌在应用系统中的 Visual Basic，基于 Windows 的多种应用系统（当然包括 AutoCAD），都有各自的 VBA。AutoCAD VBA 使用 AutoCAD ActiveX 技术，使用户可以从

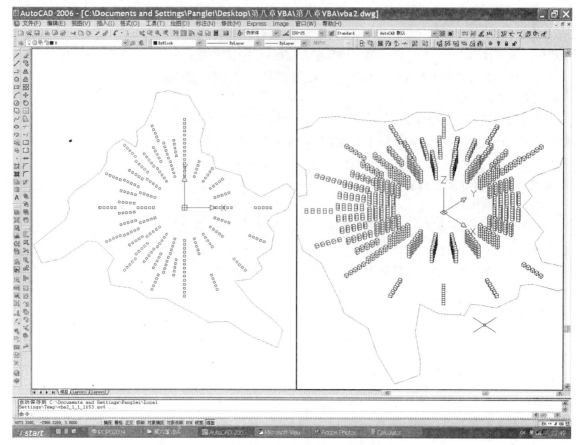

图10-2　空间构成设计

AutoCAD 内部或外部以编程方式来操作 AutoCAD，这种方式甚至可以是实时、互动的。

城市规划设计人员可以利用 VBA 自编一些简易程序来提高工作效率，也可以二次开发出比较复杂的应用系统。

10.3　空间构成设计的实例 1（图形生成）

10.3.1　实例说明

本实例将展示开发 VBA 的一般过程。运行该实例的程序，计算机将与设计师互动，实现图 10-2 所示的空间构成。在这个模拟的城市空间构成中，每个建筑单体都是由 "100m × 100m × 100m" 的标准立方体组合而成。

10.3.2　操作步骤

◆ 新建一个 AutoCAD 文件。

◆ 绘制地块，如图 10-3 所示：东西、南北方向距离大致为 15000 米。

◆ 新建一个名为 "unit100" 的块，是一个 "100m × 100m × 100m" 的

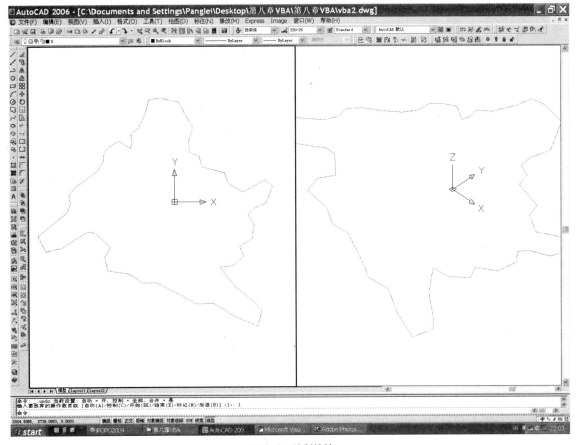

图10-3　绘制地块

立方体，如图 10-4 所示。

◆ 在模型空间按快捷键 Alt+F8，出现宏窗口

◆ 在宏名称中填写 Example_BlockArrayPolar，点击"创建"、"确定"，出现 VB 编辑器，并自动生成 Sub Example_BlockArrayPolar( ) 和 End Sub 两行代码。

Example_BlockArrayPolar 是宏的名称，也叫过程名称，当用户执行 Example_BlockArrayPolar 时，程序将运行 Sub 和 End Sub 之间的所有指令。

将下面 Sub Example_BlockArrayPolar( ) 和 End Sub 之间的程序代码输入电脑。（´符号后的内容为注释，可以不作为程序输入。一旦输入后自动变为绿色字体，它是代码语句的注释，不会影响程序运行。对于简单的程序，可不写注释，复杂的程序，要多加注释，对于程序员来说，这是一个好习惯。）

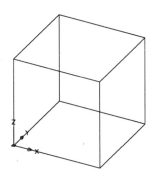

图10-4　"100m × 100m × 100m" 立方体

```
Sub Example_BlockArrayPolar()
' This example inserts a block and then performs a polar array on that block.

Dim blockRefObj As AcadBlockReference
Dim insertionPnt(0 To 2) As Double        ' 第 4 句  参见语句解释 1 (附在程
序后面)
Dim noOfObjects As Integer
Dim angleToFill As Double
Dim basePnt(0 To 2) As Double
Dim retObj As Variant

For i = 1 To 50 Step 10      ' 第 9 句  参见语句解释 2 (附在程序后面)

' Insert the block
insertionPnt(0) = -50#: insertionPnt(1) = 1600 + (i * 20): insertionPnt(2) =
0' 第 11 句  定义插入立方体块时的插入点 (x,y,z) 座标为 (-50,1600,0)

Set blockRefObj = ThisDrawing.ModelSpace.InsertBlock(insertionPnt, "unit100",
1#, 1#, 1#, 0)

' Define the polar array
noOfObjects = 20      ' 第 14 句  定义 polar array 的物体个数
angleToFill = 3.14159265358979 * 2 * 19 / 20      ' 324 degrees      ' 第
15 句  定义 polar array 的角度
basePnt(0) = 0#: basePnt(1) = 0#: basePnt(2) = 0#      ' 第 16 句  定
义 polar array 的基准点

' The following example will create copies of an object
' by rotating and copying it about the point (0,0,0)
retObj = blockRefObj.ArrayPolar(noOfObjects, angleToFill, basePnt)

Next i

ZoomAll
MsgBox "Polar array completed.", , "Block ArrayPolar Example"

End Sub
```

对程序补充解释如下：

• 语句解释 1：Dim 的作用是声明变量。它的语法：Dim 变量名 As 数据类型 。

本例中变量名为 insertionPnt，而括号中的 0 to 2 声明这个 insertionPnt 是一个数组，这个数组有三个元素：insertionPnt（0）、insertionPnt（1）、insertionPnt（2）。有了这个数组，就可以把坐标数值（x、y、z）放到这个变量之中。

Double 是数据类型中的一种。ACAD 中一般需要定义坐标时就用这个数据类型。在 ACAD 中数据类型的有很多，下面两个是比较常用的数据类型：

Long（长整型），其范围从 −2,147,483,648 到 2,147,483,647。

Variant 是那些没被显式声明为其他类型变量的数据类型，可以理解为一种通用的数据类型，这是最常用的。

• 语句解释 2：For i = 1 To 1000 Step 10 '开始循环

……

Next I '结束循环

这两条语句的作用是循环运行指令，每循环一次，i 值要增加 10，当 i 加到 1000 时，结束循环。

i 也是一个变量，虽然没有声明 i 变量，程序还是认可的，VB 不是 C 语言，C 语言中每用一个变量都要声明，不声明就会报错。简单是简单了，但是如果不小心打错了一个字母，程序也不会报错，如果程序很长，那就会出现一些意想不到的错误。

step 后面的数值就是每次循环时增加的数值，step 后也可以用负值。

例如：For i =1000 To 1 Step −10

很多情况下，后面可以不加 step 10

如：For i=1 to 100，它的作用是每循环一次 i 值就增加 1

Next i 语句必须出现在需要结束循环的位置，不然程序没法运行。

⚠ 注意：

★ 如果对一个函数的使用格式不清楚，可以使用帮助，点击鼠标左键，把光标放在需要查询的函数的任何位置，按 F1 即可。例如点击鼠标左键，将光标移至 ArrayPolar 中的任何位置，系统会出现帮助，图 10-5 所示。

◆ 到模型空间，再次按 Alt+F8，点击"运行"，AutoCAD 会自动生成最内圈的建筑，如下图 10-6。

◆ 可以通过修改插入的 Z 坐标叠加生成内圈建筑的第二层、第三层……

回到 VB 编辑器

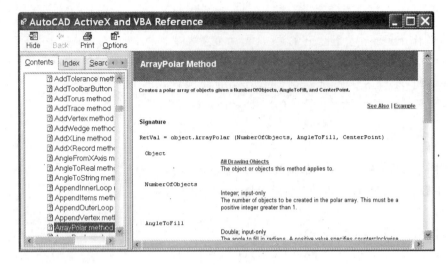

图10-5　系统帮助

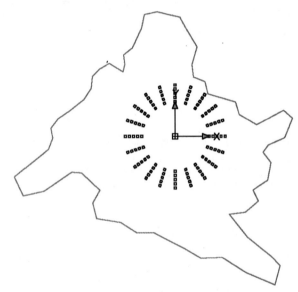

图10-6　自动生成最内圈的建筑

将程序第11句 "insertionPnt(0) = −50#：insertionPnt(1) = 1600 + (i * 20)：insertionPnt(2) = 0 " 中

insertionPnt(2) = 0 修改为： insertionPnt(2) = 100

（需要修改的部分用下划线强调，下同）这就重新定义了叠加上去的立方体块的插入点。

按运行按钮▶运行程序，又叠加了一层建筑形体。

◆ 用同样的手法可以通过修改插入点的 Z 值为 200，300，400……，根据设计需要生成的第三层，第四层，第五层……

◆ 下一步我们将产生各外圈的建筑形体

首先调整插入立方体块的插入点，使得插入点的 Y 坐标改为 2620，Z 坐标再回到 0。回到 VB 编辑器。

将第 11 句修改为

insertionPnt(0) = -50#：insertionPnt(1) = 2620 + (i * 20)：insertionPnt(2) = 0

再调整 Array 的角度：将第 15 句

angleToFill = 3.14159265358979 * 2 * 19/20 ' 324 degrees 修改为：

angleToFill = 3.14159265358979 * 2 * 1/2   ' 180 degrees

按运行按钮▶运行程序，产生第二圈建筑形体。

◆ 运用与内圈同样的手法再叠加一层第二圈建筑形体。按照本例中的设计，可以将第 11 句中 insertionPnt(2) 值修改为：100

◆ 同样可以产生第三圈建筑形体

回到 VB 编辑器

将第 11 句修改为：

insertionPnt(0) = -50#：insertionPnt(1) = 3640 + (i * 20)：insertionPnt(2) = 0

再调整 Array 的个数：将第 14 句

noOfObjects = 20 改为 noOfObjects = 13

再调整 Array 的角度：将第 15 句修改为：

angleToFill = 3.14159265358979 * 2 * 3/4   ' 270 degrees

按运行按钮▶运行程序，产生第三圈建筑形体。从而完成本例的设计。

◆ 保存文件为"vba 练习 .dwg"

10.4 空间构成设计的实例 2（指标校核）

10.4.1 实例说明

本实例在实例 1 的基础上，通过计算机编制的程序辅助校核规划设计的技术指标。通过本实例的练习，掌握窗体设计的有关知识，并涉及到常用控件的使用。

10.4.2 操作步骤

◆ 进入 AutoCAD2007，打开实例 1 保存的文件"vba 练习 .dwg"

◆ 选择【工具】/【宏】/【VBA 管理器】菜单项，在【VBA 管理器】对话框中单击【新建】按钮，在图形中创建一个全局工程 ACADProject

◆ 从工程列表中选择新建的工程，单击【另存为】按钮，将其保存在自己适当的目录下，然后回到【VBA 管理器】对话框，单击【Visual Basic 编辑器】按钮，进入 VBA 开发集成环境

◆ 单击【工程资源管理器】窗口中的工程名称 ACADProject，在属性窗口中将项目名称修改为 devcal

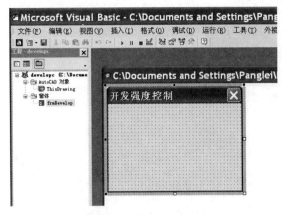

图10-7 添加一个窗体

图10-8 工具箱窗口

◆ 选择【插入】/【用户窗体】菜单项，向程序中需添加一个窗体，修改其名称为frmcal，Caption属性设置为"开发强度控制"，如图10-7所示

◆ 利用工具箱窗口（图10-8）中的控件按钮向窗体中添加1个框架，在【属性】窗口中设置框架的标题为"指标换算"。再添加4个标签和4个文字框，在【属性】窗口中设置4个标签的Caption属性分别为单元体面积、单元体数量、地块面积、容积率，4个文字框的名称分别为ubarea、uno、larea、far。初步添加的控件只要基本位置调整好即可，接下来再对齐摆放。如图10-9所示。

> ⚠ **注意：**
>
> ★ 如果工具箱窗口没有打开，则按一下上部工具栏的按钮"❎"即可。

◆ 选择4个标签（可以用框选，类似AutoCAD中Crossing选择模式，或者结合Ctrl键完成。）以最上侧的标签为基准控件，选择【格式】/【对齐】/【左对齐】菜单项，或者单击"用户窗体"工具栏中对应的按钮，使4个标签在水平方向上对齐。

图10-9 添加框架、标签和文字框

◆ 向窗体中添加1个命令按钮，名称为默认的CommandButton1，Caption属性设置为"换算"（也可以用鼠标左键慢慢地在命令按钮上点两下，直接修改显示在按钮上的文字）。

◆ 增加2个m^{2}的标签。完成后的对话框如图10-10所示。

图10-10 添加命令按钮

用鼠标左键双击"换算"按钮，弹出程序代码编写窗口，并自动生成 Private Sub CommandButton1_Click( ) 和 End Sub

为了让 CommandButton1 这个控件响应一个事件，必须要把代码放入这个事件的事件过程之中。

将下面 Private Sub CommandButton1_Click( ) 和 End Sub 程序之间的代码输入计算机：

```
Private Sub CommandButton1_Click()

Dim ubarea As String
Dim uno As String
Dim larea As String
Dim far As String

    On Error Resume Next
    ' 根据文本框中的数值对变量赋值
    ubarea = tbubarea.Value
    uno = tbuno.Value
    larea = tblarea.Value
    far = tbfar.Value

    ' 根据已知3个变量求第4个变量的转换公式
    ubarea = far * larea / uno
    uno = far * larea / ubarea
    larea = ubarea * uno / far
    far = ubarea * uno / larea

    ' 在对话框中显示计算的值
    tbubarea.Text = Round(ubarea, 2)
    tbuno.Text = Round(uno, 1)
    tblarea.Text = Round(larea, 2)
    tbfar.Text = Round(far, 2)

End Sub
```

◆ 选择【插入】/【模块】菜单项，向程序中添加一个标准模块___ "模块1"，在其中添加宏的启动代码：

```
Option Explicit
Sub cal()
    frmcal.Show    ' 在 AutoCAD 中显示窗体 frmcal

End Sub
```

10.4.3 程序运行

◆ 返回 AutoCAD，利用 BCOUNT 命令计算立方体的个数，该命令可以计算图形中或所选对象中每一个块的插入点个数，然后以表格的形式显示。

◆ 回到 VB 编辑器，按运行按钮 ▶ 运行程序，则在 CAD 中显示如下窗口（图 10—11）：

图10—11　运行程序后显示的窗口

"单元体建筑面积"一栏中填写 220000（每一个立方体按 22 层计算）

"单元体个数"填写 765

"地块面积"根据实际情况填写，本例为 83004296

点击"换算"按钮，计算机显示出当前的容积率为"2.03"。

如果想知道容积率为"5.5"，则需要多少个单元体，可以将"容积率"一栏改为 5.5，将单元体个数一栏删除为空白，按"换算"按钮，计算机显示出单元体个数应为 2075.1 个。此程序可以根据任何三个参数，推算出第四个参数（输入三个参数后，应把待推算的第四个参数删除为空白），从而帮助我们进行设计指标的校核。

◆ 关闭 AutoCAD，并选择保存文件。

10.5　VBA 程序的调用

有三种方法可供选择：

(1) 可以通过【工具】/【加载应用程序】菜单调用 VBA 生成的 dvb 文件。

(2) 使用【工具】/【宏】/【加载工程】菜单。

(3) 使用【工具】/【宏】/【VBA 管理器】菜单，点击"加载"按钮。

本章小结

本章仅对 VBA 做了非常初步的介绍。VBA 是一个简单易学但功能强大的编程工具。如果有兴趣，可以进一步阅读一些 VB 和 VBA 的参考书，在将来的实践中通过编程来提高效率，解决更多的问题。比如可以编写一个小程序检查输入的控制性详细规划指标是否在合理范围，各项用地比例、容积率、建筑密度、绿地率等是否在合理的上限、下限之间。

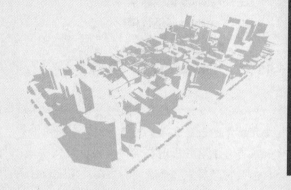

本章以 SketchUp5.0 中文版为例，介绍 SketchUp 软件，使读者能够更好地在城市设计、详细规划阶段快速建立三维模型。对于初学者来说，SketchUp 比较容易操作，如果已经对 AutoCAD 和 3dsMax 建模熟练掌握，也可以通过学习本章，了解 SketchUp 建模的特点。

本章重点

1. SketchUp 简介及特点
2. SketchUp 基本操作
3. SketchUp 建筑建模
4. SketchUp 环境建模

11.1　SketchUp 简介

SketchUp 是一套直接面向设计方案创作过程而不只是面向渲染成品或施工图纸的设计工具，其创作过程不仅能够表达设计师的思想，而且便于和非专业的客户即时交流，与设计师用手工绘制构思草图的过程很相似，同时其成品导入其他着色、后期、渲染软件，可以继续形成照片级的商业效果图。它使得设计师可以直接在电脑上进行十分直观的构思，随着构思的不断清晰，细节不断增加，最终形成的模型可以直接交给其他具备高级渲染能力的软件进行最终渲染。这样，设计师可以减少机械重复劳动，并且控制设计成果的准确性。

11.2　SketchUp 5.0 中文版的用户界面

SketchUp 5.0 中文版的用户界面主要由标题栏、绘图视图、状态栏和数值控制栏 (Value Control Box) 等组成（图 11-1）。

　　标题栏　（在绘图窗口的顶部）包括右边的标准窗口控制（关闭、最小化、最大化）和窗口所打开的文件名。开始运行 SketchUp，就会出现一个空白的绘图窗口，名字是未命名，说明还没有保存此文件。

　　菜单栏　出现在标题栏的下面，包括大部分 SketchUp 的工具、命令和菜单中的设置。默认出现的菜单包括：文件、编辑、视图、照相机、绘图、工具、窗口和帮助。

　　工具栏／应用栏　工具栏出现在菜单的下面，左边为应用栏，工具栏和应用栏包含一系列用户化的工具和控制。

　　绘图区　编辑模型的区域。在一个三维的绘图区中，可以看到绘图坐标轴。

　　状态栏　是一灰色条形区域，位于绘图窗口下面。状态栏的左端是命令提示和 SketchUp 的状态信息。这些信息会随着绘制的内容而改变，

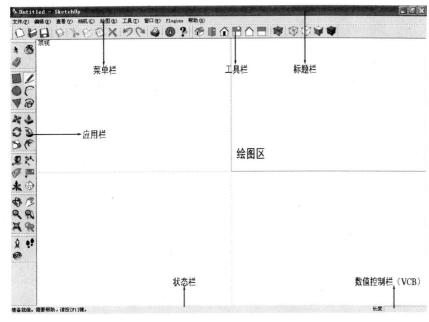

图11-1 SketchUp 5.0中文版用户界面

但是总的来说是对命令的描述,提供修改键的说明以及它们是怎么修改的。有时窗口不够大,不能显示整个信息,在这种情况下可以使用调整大小操作。状态栏的右边是数值控制栏。数值控制栏显示绘图中的尺寸信息,也可以接受输入的数值。数值控制栏的右边是窗口调整大小操作,可以用来改变绘图窗口大小。

11.3 SketchUp 视图中的辅助轴线

(1) SketchUp 视图中的红线、绿线、蓝线分别对应于 X、Y、Z 轴,画矩形时按鼠标中键(滑轮)适当旋转一定角度,即可分别将面建在 XY、XZ、YZ 等平行面上。在移动或移动拷贝时,会依鼠标移动方向分别自动锁定 X、Y 或 Z 轴。你可根据显示的虚线的颜色来确定是否沿着这些轴移动,如果是黑色线就表示没锁定任何轴。

(2) 在具体进行规划设计时,SketchUp 视图中默认红色实线表示"正东",红色虚线表示"正西",绿色实线表示"正北",绿色虚线表示"正南"。也可在场景信息对话框中设置指北针。在工具栏中点击用户设置 ◎ 图标或从菜单栏中选择【窗口】/【场景信息】, 根据提示从场景信息对话框中:

• 选择【位置】,并设置太阳方位中的正北角度,或单击【选择】按钮在图中选择正北方位,如图 11-2 所示。

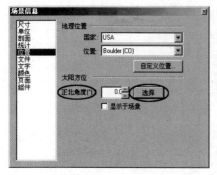
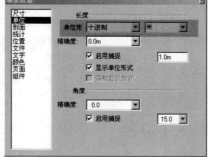

图11-2 指北针设置　　　　图11-3 单位设置

11.4　SketchUp 实例应用

本书以建筑建模和环境建模为例，介绍如何建模、修改及其表现的全过程。

11.4.1　在导入建筑 CAD 文件之前，必须做的准备工作

(1) 在 DWG 文件中根据实际情况把不需要的线条、图层等全部清理掉。

• 清理过程要充分考虑草图平立面体块的进退关系，保证内部需要的墙体不被清除。

• 将 CAD 图层导出，在导出时根据需要可以将墙体和阳台等分开导出。

(2) 在 SketchUp 打开程序时，在工具栏中点击用户设置 ⓒ图标或从菜单栏中选择【窗口】／【场景信息】，根据提示从场景信息对话框中：

• 选择【单位】，并设置相应的单位形式为"十进制"、"毫米"。如图11-3 所示。

⚠️ **注意：**

★ 设置的单位宜与相应的 CAD 文件保持一致。

• 在【窗口】菜单栏下打开【显示设置】，将【轮廓】项进行取消选择。此项操作是为了保证导入的 DWG 文件中线条变为细线，以便精确建模。如图 11-4 所示。

图11-4　显示设置

11.4.2　制作建筑单体 SketchUp 模型

(1) 导入建筑标准层 CAD 平面图

在【文件】菜单中打开【导入】中的【3D 模型】对话框，在该对话框中选择将要导入的 CAD 文件。

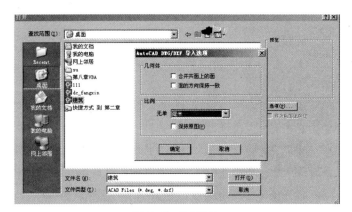

注意：

★ 在导入的 CAD 文件前，宜点击对话框右侧【选项】按钮，选择的比例单位应与 CAD 文件单位一致，建议比例单位选择【毫米】，选择此单位为了保证导入 SketchUp 的 CAD 文件与 CAD 中的图比例保持 1：1，这样建模时可以由平面生成立体，高度按照实际尺寸来进行拉伸。如图 11-5 所示。

图11-5　单位设置

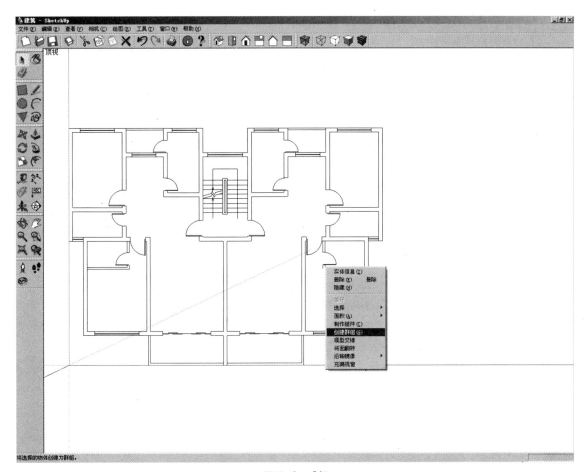

图11-6　成组

（2）成组

导入建筑标准层 CAD 文件后全选图形，然后在选中的图形线上单击鼠标右键，选择【创建群组】或从菜单栏中选择【编辑】/【群组】，完成群组创建，以方便编辑。如图 11-6 所示。

注意：

★ 在 SketchUp 有"群组"(Group) 和"组件"(Component) 两种，将多个对象组合成一个高一级的对象。

★ "群组"(Group) 的特征为：复制的群组之间没有关联性，修改复制的任意一个群组都不会影响其他群组。

★ "组件"(Component) 的特征为：复制的组件之间有关联性，修改复制的任意一个组件都会同时对其他所有的组件作出相对应的修改。

(3) 编辑成面

选择成组图形，双击鼠标左键进入编辑状态，利用"绘图工具栏"封闭墙面。如图 11-7、图 11-8 所示。

图11-7 绘图工具栏

注意：

★ 在 SketchUp 中充分利用画线、画矩形等命令，在平面上形成平面闭合图形（平面只要闭合的，闭合部分内部就自动填充一种颜色），以便进行拉伸平面生成立体。

★ 从 CAD 中导入的封闭曲线，只需用画线工具重画其中任意一段即可形成相应的面。

★ 也可以从互联网查找、下载并使用插件（一组应用程序，可在 SketchUp 中加载）来形成面。

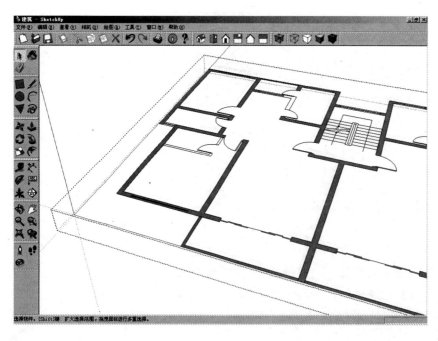

图11-8 编辑成面

（4）拉伸墙体

用"编辑工具栏"中"推／拉" 工具或从菜单栏中选择【工具】／【推／拉】拉伸出墙体,形成初步的建筑轮廓。如图11-9、图11-10所示。

图11-9　编辑工具栏

⚠ **注意：**

★　在体块拉伸高度时,在数值控制栏(VCB)可以输入相应的高度。数值控制栏在屏幕右下方,在运行命令时直接键入高度值即可显示。

★　用"推／拉"工具双击平面,表示推拉的距离与上一次推拉的距离一样。

（5）隐藏组件

开始建窗户、窗台,并将建好的窗台成组,并隐藏其他组件。选中物体,单击右键选择【隐藏】,从菜单栏中选择【编辑】／【隐藏】,如图11-11、图11-12所示。（窗户、门等组件可直接从互联网上下载。）

（6）赋玻璃材质

在"常用工具栏"单击图标【正在使用材质1】 或从菜单栏中选择【窗口】／【材质浏览器】,打开【材质】面板给玻璃赋材质,如图11-13所示。

⚠ **注意：**

★　在编辑材质时,单击材质面板中的【创建】按钮或双击任一材质框即可弹出【添加材质混合】对话框,调节【添加材质混合】可以产生各

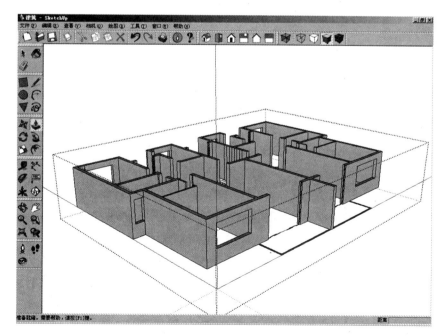

图11-10　拉伸墙体

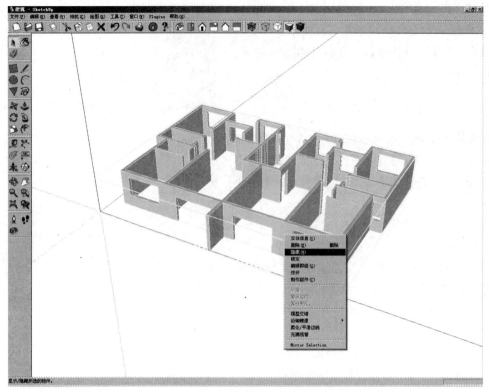

图11-11　隐藏组件

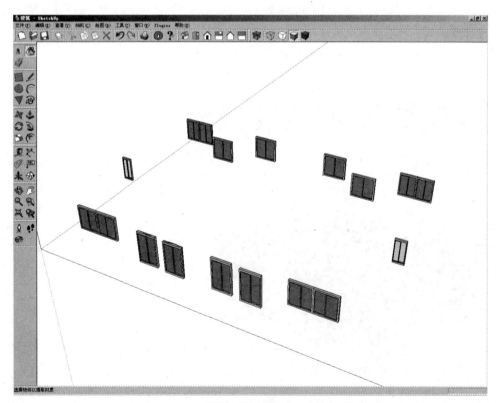

图11-12　建窗框

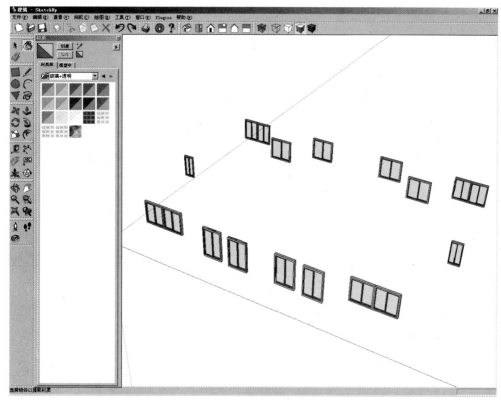

图11-13　赋玻璃材质

种效果，如图 11-13、图 11-14 所示。

　　★　模型中已有的材质在显示在【模型中】页面内。选中任一材质框，单击【编辑】按钮或双击任一材质框，即可弹出【编辑材质】对话框，调节【编辑材质】可以修改相应材质。

　　（7）窗框成组

　　编辑完窗框后，将所有窗框成组，SketchUp

图11-14　添加材质混合

的组是层级的，可随时分解，不必担心编辑问题。阳台的制作要和整体建筑的制作分开，并制作成组，以保证阳台是一个独立的体块组合。如图 11-15 所示。

　　（8）显示全部

　　打开【编辑】菜单中的【显示】项，选择【全部】，显示所有隐藏的组件。然后选中全部组件，再次成组。如图 11-16 所示。

　　（9）复制楼层

　　以成组的建筑单元式户型标准层为例，沿蓝轴复制到六层。

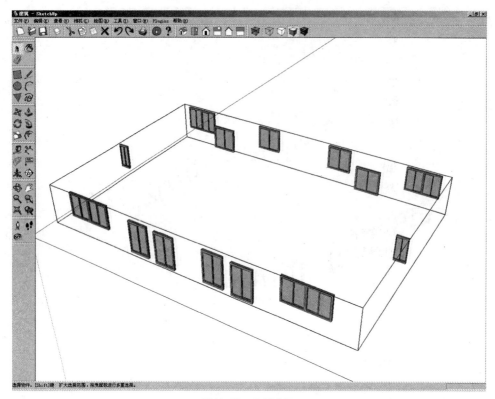

图11-15　窗框成组

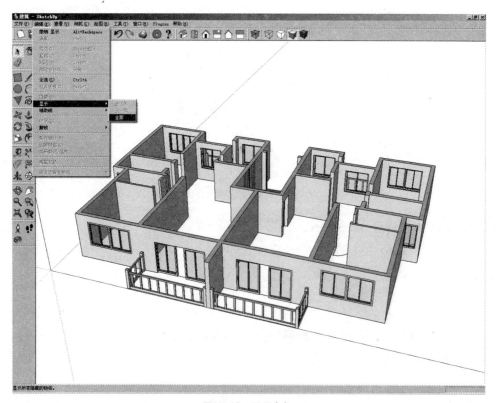

图11-16　显示全部

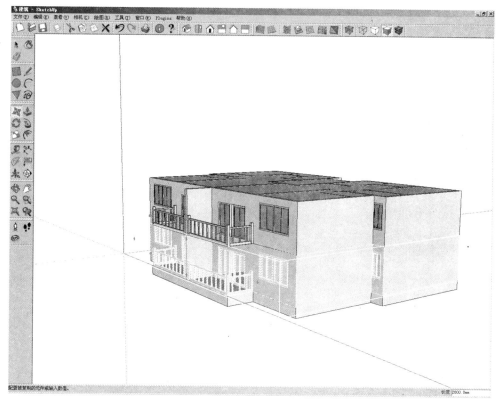

图11-17　复制

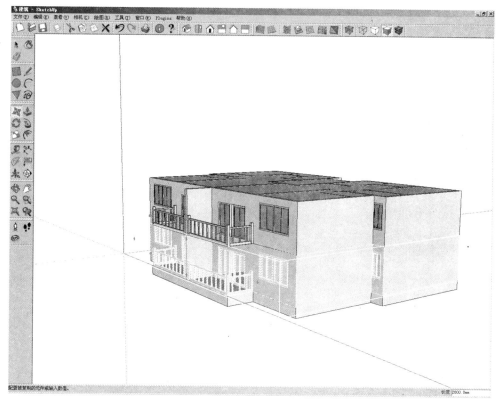 注意：

★　用"编辑工具栏"中"移动／复制"工具 时，需要同时按CTRL键才能完成复制命令。可以在VCB中输入距离达到精确复制。如图11-17所示。

★　在复制命令结束后，输入数字加"×"相当于阵列。数字表示复制的个数，前面复制的距离表示每一个复制单元间的距离。

★　在复制命令结束后，输入数字加"／"也相当于阵列。数字表示复制的个数，前面复制的距离表示所有复制单元间的距离和（图11-18）。

(10) 屋顶编辑

导入屋顶CAD平立面，进行屋顶编辑，完成屋顶设计（图11-19）。

 注意：

★　在建模时有时可以单击鼠标右键中的【沿轴镜像】，选择相应轴线进行镜像，达到简便的目的。如图11-19所示。

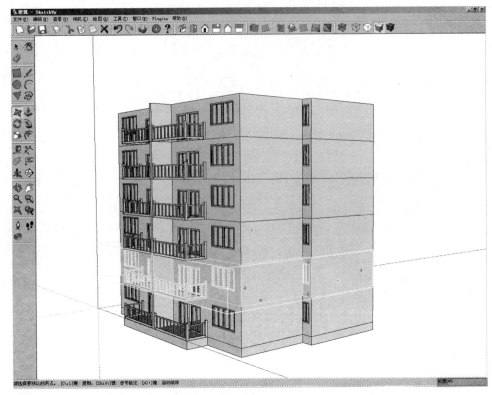

图11-18 阵列

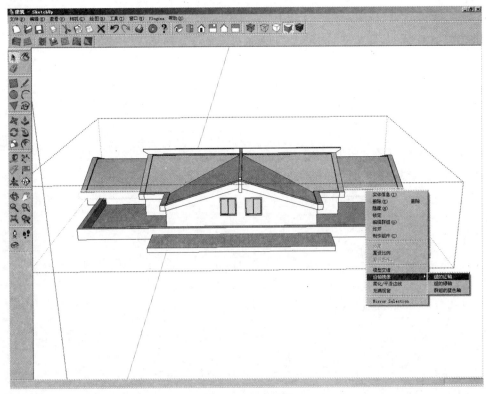

图11-19 沿轴镜像

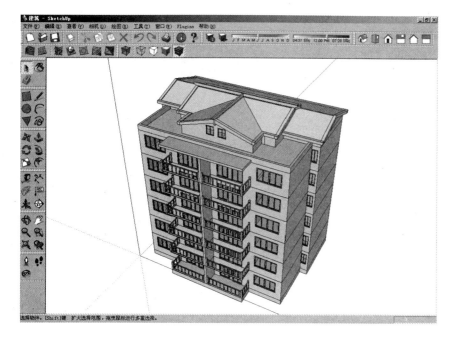

图11-20 建筑单体

（11）建筑单体建模

完成建筑单体建模，显示全部组件。如图 11-20 所示。

（12）保存建筑模型

11.4.3 制作环境设计部分 SketchUp 模型

（1）导入环境设计部分地形 CAD 平面图进行三维操作，有时地形需要山体建模。可以利用 SketchUp5.0 中的【地形工具】进行建模，如图 11-21 所示。【地形工具】共有 7 个命令，此例中着重介绍用【等高线生成】地形。首先需要在导入等高线的条件下，用移动工具将每条等高线垂直移动在其所在的标高。然后选中所有等高线，使用【等高线生成】命令，程序会自动建立一个根据等高线描绘的地形，并自动成组。而原来的等高线并不会被编入组内，而是保留在外。如图 11-22 所示。

图11-21 地形工具

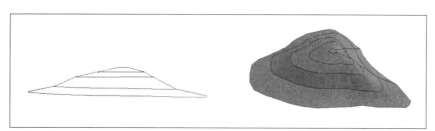

图11-22 等高线生成

图11-23 景观小品的添加

⚠️ **注意：**

★【地形工具】加载方法，点击【窗口】菜单中的【系统属性】，在调出的对话框中选择【扩展栏】加载【地形工具】。

(2) 关于景观小品的建模,可以用【绘图工具】、【编辑工具】进行绘制。有些小品也可以从互联网下载共享的相关组件，如图 11-23 所示。

(3) 在完成环境设计部分建模后,从菜单中选择【文件】/【导入】/【3D模型】，选择"SketchUp Files (∗.skp,∗.skb)"，选择刚才保存的建筑单体模型，导入先前绘制好的建筑单体，调整画面。如图 11-24 所示。

图11-24 调整画面

11.4.4 阴影的设置

(1) 选择菜单【查看】/【阴影】选项,点击后会弹出【阴影】工具条,如图 11-25 所示。

图11-25 阴影工具条

(2) 单击【阴影对话框】图标或选择【窗口】/【阴影设置】启动【阴影设置】(图11-26),勾选"显示阴影"。在其最下行【显示】中的"表面"、"地面"、"边线"选项是按照实际情况来进行的,可以根据具体的需要来勾选。

(3) 关于"时间"、"日期",可以根据阴影光线的审美需要来适当的调整,原则是使光线打在模型上产生良好的光影效果,为模型本身服务。

图11-26 阴影设置

(4) 关于明暗关系的调整,可以选择"灯光"、"暗"选项来调整变化。设置好阴影的效果如图 11-27 所示。

⚠ 注意:

★ 在不需要阴影效果对模型进行调整时,最好将阴影显示关掉,以便提高运行速度。

★ 单击【阴影显示切换】图标可以显示或关掉阴影,而不影响阴影设置。

图11-27 阴影设置效果

11.4.5 页面的添加

(1) 页面的添加方法: 选择菜单【查看】/【页面】选项, 点击【创建】, 对页面进行添加。

(2) 选择适合的角度透视效果, 作为一个页面。要出另外一个角度的透视效果时, 需要添加新的页面。在对每一个页面如果作出角度或者阴影等的调整后产生新的效果时候, 应该对其进行"页面更新", 以便保存此页面中所做的相应改动。

▽! 注意:

★ 页面更新命令在页面标题上点击鼠标右键, 会出现下拉菜单, 从其中选择【更新】即可。接下来将要对模型进行相机角度效果的调整。

11.4.6 相机角度的设置

(1) 先将【相机】中的【透视显示】选项处于取消状态, 并将模型视图变为顶视图。

(2) 选择【相机】中的【配置相机】选项, 之后在顶视图中点击相机所处的位置, 点住鼠标向所看的方向拉伸, 至适当的位置后, 此时放开鼠标, 系统会自动设置操作者设置后的效果, 然后输入实现的高度 (人站立时高度, 大约为 1600 ~ 1800mm), 在【相机】中选择【透视显示】所选择的模型会自动出现设置的透视效果, 视角调试结束。

11.4.7 SketchUp 导出至图像文件

选择菜单栏【文件】/【导出】, 选择【图像】, 系统弹出【导出二维消影线】对话框, 在对话框中可以选择导出图像保存的位置, 及保存文件的类型, 还可使用【选项】按钮, 在【导出图像】对话框中选择适当的分辨率和图像质量, 点击确定按钮。设置完成之后点击"导出", 图像即可保存。

11.4.8 使用 SketchUp 的若干经验及技巧

(1) 如何提高操作速度

加快操作速度的有效方法是加强鼠标和键盘的配合。SketchUp 的自定义快捷键可以是单字母或使用功能键 CTRL、SHIFT、ALT 加单字母。选择菜单【窗口】/【系统属性】, 可以弹出【系统属性】对话框, 选择【快捷键】选项可以对菜单命令进行快捷键设置。如果对 AutoCAD 的快捷键经常使用并且已非常熟悉, 可以定义为与 AutoCAD 常用命令一样的快捷键, 例如: 画线 L、画弧 A、画圆 C、平行拷贝 O、移动 M、删除 E、旋转 R、缩放 S、放大 Z、填充材质 H、画矩形和拉伸可根据自己的习惯来定义。

(2) 结束与取消命令

在切换命令时, 初学者往往会不知如何结束正在执行的命令, 所以特别建议将此操作定义为空格键。这样, ESC 键可取消正在执行的操作, 而按一下空格键结束正在执行的命令，既方便，又可避免误操作。

（3）SketchUp 中的捕捉

SketchUp 的捕捉是自动的，有端点、中点、等分点、圆心、面等。对建模过程中的大部分命令都适用，加上可输入实际数据，所以不必担心精确对齐和准确性等问题。

（4）关于视图缩放控制

在执行画线或移动拷贝等命令时，常常要缩放视图以便精确捕捉：可随时透明地执行缩放命令，结束缩放命令后会自动回到前面的命令执行状态，而不会中断当前操作。（放大命令例外，可透明执行，但用右键方可退出回到前面命令执行状态）另外，按鼠标中键（滑轮）可随时旋转视图；中键加按 SHIFT 键即为平移。

（5）矩形长宽的修改

建筑建模中最常用的是矩形，有时常常在建模时用到矩形，但发觉长宽不对时，可即时修改。长宽同时修改则输入长度数值、宽度数值，只修改长度可直接只输入长度数值，修改宽度则输入宽度数值。当然，这里的长宽是相对该矩形而言。

本章小结

SketchUp 操作简便，是城市设计、建筑单体设计中建模和草图设计的有利工具，由于该软件与 Google Earth 的进一步整合，使其在建立城市三维模型方面具有很大潜力。本章以一个居住小区中的一组住宅单元为例，在了解基本操作的基础上，由浅入深地迅速入门，并且通过学习和练习掌握该软件的一些使用技巧。在具体应用过程中应从两方面进行积累：一是模型素材和工具插件，从互联网上和日常使用的交流中不断收集资料；另一方面是设计过程与软件操作的配合与互动，要注意总结经验，不断掌握新的技巧，从而有所提高。

附录 AutoCAD城市规划辅助设计常用命令解释

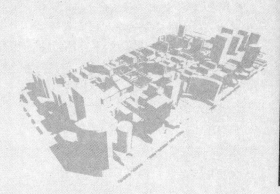

1. 3darray 创建三维阵列

用途: 建模时, 先建立一个标准层平面, 然后用"3darray"命令生成其他楼层。

操作: 菜单【修改】/【三维操作】/【三维阵列】

或者用命令输入"3darray"

- 选择对象: 使用对象选择方法

整个选择集将被视为单个阵列元素, 如建筑物单体的标准层。

- 输入阵列类型 [矩形 (R)/ 极轴 (P)] <R>: 输入选项或按 ENTER 键
- 比较常用的是选择矩形阵列
- 输入行数 (一)<1>: 输入正值或按 ENTER 键

输入列数 (|||)<1>: 输入正值或按 ENTER 键

输入层数 (...)<1>: 输入正值或按 ENTER 键

如果只指定一行, 就需指定多列, 反之亦然。只指定一层则创建二维阵列。

如果指定多行, 将显示以下提示:

- 指定行间距 (一): 指定距离

如果指定多列, 将显示以下提示:

指定列间距 (|||): 指定距离

如果指定多层, 将显示以下提示:

指定层间距 (...): 指定距离

注意: 输入正值将沿 X、Y、Z 轴的正向生成阵列。输入负值将沿 X、Y、Z 轴的负向生成阵列。

2. align 对齐

用途: 在二维和三维空间中将对象与其他对象对齐

操作: 菜单【修改】/【三维操作】/【对齐】

或者用命令输入"align", 简写"al"

选择对象: 选择要对齐的对象或按 ENTER 键

指定一对、两对或三对源点和定义点, 以对齐选定对象。

- ALIGN 使用两对点 (城市规划设计中经常用到)

指定第一个源点: 指定点 (1)

指定第一个目标点: 指定点 (2)

指定第二个源点: 指定点 (3)

指定第二个目标点: 指定点 (4)

指定第三个源点: 按 ENTER 键

是否基于对齐点缩放对象? [是 (Y)/ 否 (N)] < 否 >: 输入 y 或按 ENTER 键

注意: 当选择两对点时, 可以在二维或三维空间移动、旋转和缩放选定对象, 以便与其他对象对齐。第一对源点和目标点定义对齐的基点。第二对点定义旋转的角度。在输入了第二对点后, 系统会给出缩放对象的提示。将以第一目标点和第二目标点之间的距离作为缩放对象的参考长度。只有使用两对点对齐对象时才能使用缩放。

3．area 计算对象或指定区域的面积和周长

用途：计算技术经济指标、地块面积等

操作：菜单【工具】/【查询】/【面积】

或者用命令输入"area"

• 指定第一个角点或［对象（O）/添加（A）/减（S）］：指定点（1）或输入选项

• 对象（O）：城市规划设计中经常用闭合的 pline 线划定规划范围，选择 pline 线对象，可以计算规划区范围面积，如果选择开放的多段线，将假设从最后一点到第一点绘制了一条直线，然后计算所围区域中的面积。

注意：计算面积和周长（或长度）时将使用多段线的中心线。

• 添加（A）：打开"加"模式后，继续定义新区域时应保持总面积平衡。"加"选项计算各个定义区域和对象的面积、周长，也计算所有定义区域和对象的总面积。可以使用"减"选项从总面积中减去指定面积。

4．bhatch 填充

用途：用无关联填充图案填充区域。城市规划设计中经常用 Bhatch 命令填充地块。

操作：菜单【绘图】/【图案填充】

或者用命令输入"bhatch"，简写"h"

或使用面板："绘图"面板，"图案填充"

显示"边界图案填充"对话框。

• 拾取点：根据屏幕中可见的现有对象确定边界。选择"拾取点"选项时，对话框暂时关闭，AutoCAD 将显示一个提示。

• 选择对象：指定要填充的对象。对话框暂时关闭，AutoCAD 提示选择对象。

• 图案填充：定义要应用的填充图案的外观。

类型：设置图案类型。

图案：列出可用的预定义图案。

样例：显示选定图案的预览图像。

• 高级：定义 AutoCAD 如何创建并填充边界。

孤岛检测样式：指定在最外层边界内填充对象的方法。

对象类型：指定是否将边界保留为对象，以及应用于这些对象的对象类型。

5．block 定义并命名块

概念：块可以是绘制在几个图层上的不同颜色、线型和线宽特性的对象的组合。尽管块总是在当前图层上，但块参照保存了有关包含在该块中的对象的原图层、颜色和线型特性的信息，可以控制块中的对象是保留其原特性还是继承当前的图层、颜色、线型或线宽设置。

块定义还可以包含用于向块中添加动态行为的元素，可以在块编辑器中将这些元素添加到块中。如果向块中添加了动态行为，也就为几何图形增添了灵活性和智能性。如果在图形中插入带有动态行为的块参照，就可以通过自定义夹点或自定义特性（这取决于块的定义方式）来操作该块参照中的几何图形。

可以使用 PURGE 从图形中删除未使用的块定义。

用途：建筑设计中的〝门、窗〞，规划设计中的〝图标〞，如变电站位置、水厂位置的标志、环境设计中的〝树〞等。

操作：菜单【绘图】／【块】／【生成】

或者用命令输入〝block〞，简写〝b〞

• 名称

指定块的名称。名称最多可以包含 255 个字符，包括字母、数字、空格以及操作系统或程序未作他用的任何特殊字符。

块名称及块定义保存在当前图形中。

注意：不能用 DIRECT、LIGHT、AVE_RENDER、RM_SDB、SH_SPOT 和 OVERHEAD 作为有效的块名称。

• 基点

指定块的插入基点。默认值是（0,0,0）。

X：指定 X 坐标值。

Y：指定 Y 坐标值。

Z：指定 Z 坐标值。

〝拾取插入基点〞按钮，暂时关闭对话框以使用户能在当前图形中拾取插入基点。

• 对象

指定新块中要包含的对象，以及创建块之后如何处理这些对象，是保留还是删除选定的对象或者是将它们转换成块实例。

选择对象：暂时关闭〝块定义〞对话框，允许用户选择块对象。完成选择对象后，按 ENTER 键重新显示〝块定义〞对话框。

快速选择：显示〝快速选择〞对话框，用该对话框定义选择集。

保留：创建块以后，将选定对象保留在图形中作为区别对象。

转换为块：创建块以后，将选定对象转换成图形中的块实例。

删除：创建块以后，从图形中删除选定的对象。

选定的对象：显示选定对象的数目。

• 设置

指定块的设置。

块单位：指定块参照插入单位。

按统一比例缩放：指定是否阻止块参照不按统一比例缩放。

允许分解：指定块参照是否可以被分解。

说明：指定块的文字说明。

超链接：打开〝插入超链接〞对话框，可以使用该对话框将某个超链接与块定义相关联。

• 在块编辑器中打开

单击"确定"后，在块编辑器中打开当前的块定义。

6．bpoly 边界创建

用途：自动寻找边界，生成边界上的闭合 pline 线

操作：用命令输入"bpoly"，弹出对话框，单击"拾取点"，暂时关闭"bpoly"对话框，允许用户选择需要创建的闭合曲线内的任何点，继续选择第二个点，按"空格"键结束。

7．circle 创建圆

操作：菜单【绘图】/【圆】

或者用命令输入"circle"，简写"c"

指定圆的圆心或［三点（3P）（3P）/两点（2P）（2P）/相切、相切、半径（T）］：指定点或输入选项。

8．copy 在指定方向上按指定距离复制对象

操作：菜单【修改】/【复制】

或者利用快捷菜单 选择要复制的对象，在绘图区域中单击鼠标右键，单击"复制"。

或者用命令输入"copy"，简写"co"

选择对象：使用对象 选择方法选择对象，完成后按 ENTER 键

指定基点或［位移（D）］＜位移＞：指定基点或输入 d

• 指定基点：指定的两点定义一个矢量，指示复制的对象移动的距离和方向。

• 如果在"指定第二个点"提示下按 ENTER 键，则第一个点将被认为是相对 X,Y,Z 的位移。 例如，如果指定基点为（2,3）并在下一个提示下按 ENTER 键，对象将被复制到距其当前位置沿 X 方向 2 个单位、Y 方向 3 个单位的位置。

• COPY 命令将重复以方便操作。 要退出该命令，请按 ENTER 键。

位移：指定位移 ＜上个值＞：输入表示矢量的坐标

输入的坐标值指定相对距离和方向。

9．dist 测量两点之间的距离和角度

操作：菜单【工具】/【查询】/【距离】

或用命令输入"dist"，简写"di"（或 'dist，用于透明使用）

指定第一个点：指定点

指定第二个点：指定点

距离 = 计算出的距离 ，XY 平面中的倾角 = 角度，

与 XY 平面的夹角 ＝ 角度

增量 X=X 坐标变化， 增量 Y=Y 坐标变化， 增量 Z=Z 坐标变化

10．erase 从图形中删除对象

操作：菜单【修改】／【删除】

或用快捷菜单：选择要删除的对象，在绘图区域中单击鼠标右键，然后单击"删除"。

或用命令输入"erase"，简写"e"

选择对象：使用对象选择方法，并在完成选择对象时按 ENTER 键

将从图形中删除对象。

11．explode 将合成对象分解为其部件对象

操作：菜单【修改】／【分解】

或用命令输入"explode"，简写"x"

选择对象：使用对象选择方法，并在完成时按 ENTER 键

任何分解对象的颜色、线型和线宽都可能会改变。其他结果将根据分解的合成对象类型的不同而有所不同。

注意：要分解对象并同时更改其特性，请使用 XPLODE。

12．extrude 通过沿指定的方向将对象或平面拉伸出指定距离来创建三维实体或曲面

用途：建筑单体三维建模中，复杂物体，如屋顶的制作

操作：菜单【绘图】／【建模】／【拉伸】

或命令输入："extrude"

或使用面板："三维制作"面板，"拉伸"

当前线框密度：ISOLINES=4

选择要拉伸的对象：

指定拉伸高度或［方向 (D)／路径 (P)／倾斜角 (T)］＜默认值＞：指定距离或输入 p

可以在启动此命令之前选择要拉伸的对象。

13．fillet 给对象加圆角

操作：菜单【修改】／【圆角】

或命令输入："fillet"，简写"f"

或使用面板："修改"面板，"圆角"

选择第一个对象或［多段线 (P)／半径 (R)／修剪 (T)／多个 (U)］

• 第一个对象：用来定义二维圆角的两个对象之一，或是要加圆角的三维实体的边。

• 半径：定义圆角弧的半径。指定圆角半径＜当前＞：指定距离或按 ENTER 键。

输入的值将成为后续 VR 命令的当前半径，修改此值并不影响现有的圆角弧。

14．insert 将图形或命名块放到当前图形中
操作：菜单【插入】/【块】

或命令输入："insert"，简写"i"

或使用面板："绘图"面板，"插入块"

显示"插入"对话框，指定要插入的块或图形的名称与位置。

• 名称：指定要插入块的名称，或指定要作为块插入的文件的名称。

• 插入点：指定块的插入点。

在屏幕上指定用定点设备指定块的插入点。

X：设置 X 坐标值。

Y：设置 Y 坐标值。

Z：设置 Z 坐标值。

• 比例：指定插入块的缩放比例。如果指定负的 X、Y 和 Z 缩放比例因子，则插入块的镜像图像。

• 旋转：在当前 UCS 中指定插入块的旋转角度。

• 分解：分解块并插入该块的各个部分。选定"分解"时，只可以指定统一比例因子。

15．layer 管理图层和图层特性
用途：显示图形中的图层的列表及其特性。可以添加、删除和重命名图层，修改图层特性或添加说明。图层过滤器用于控制在列表中显示哪些图层，还可用于同时对多个图层进行修改。

操作：菜单【格式】/【图层】

或命令输入："layer"，简写"la"

或使用面板："图层"面板，"图层特性管理器"

• 新特性过滤器：显示"图层过滤器特性"对话框，从中可以基于一个或多个图层特性，创建图层过滤器。

• 新建组过滤器：创建一个图层过滤器，其中包含用户选定并添加到该过滤器的图层。

• 图层状态管理器：显示图层状态管理器，从中可以将图层的当前特性设置保存到命名图层状态中，以后可以再恢复这些设置。

• 新建图层：创建新图层。列表中将显示名为"LAYER1"的图层。该名称处于选中状态，从而用户可以直接输入一个新图层名。新图层将继承图层列表中当前选定图层的特性（颜色及开、关状态等）。

• 删除图层：标记选定图层，以便进行删除。单击"应用"或"确定"后，即可删除相应图层。只能删除未参照的图层。参照图层包括图层"0"和 DEFPOINTS、包含对象（包括块定义中的对象）的图层、当前图层和依赖外部参照的图层。

• 置为当前：将选定图层设置为当前图层。用户创建的对象将被放置到当前图层中。

16．line 创建直线段

操作：菜单【绘图】/【直线】

或命令输入："line"，简写"l"

或使用面板："绘图"面板，"直线"

指定第一点：指定点或按 ENTER 键从上一条线或圆弧继续绘制

指定下一点或［闭合 (C)/放弃 (U)］

17．linetype 加载、设置和修改线型

用途：可以使用 LINETYPE 命令从线型库 (LIN) 文件中加载线型定义、指定当前线型或修改线型比例。

操作：菜单【格式】/【线型】

或命令输入："linetype"

或使用面板："对象"面板，"线型控制"

• 线型过滤器：确定在线型列表中显示哪些线型。可以根据以下两方面过滤线型：是否依赖外部参照或是否被对象参照。

• 加载：显示"加载或重载线型"对话框，从中可以将 acad.lin 文件中选定的线型加载到图形并将它们添加到线型列表。

18．list 显示选定对象的数据库信息

操作：菜单【工具】/【查询】/【列表显示】

或命令输入："list"，简写"li"

或使用工具栏："查询"工具栏，"列表"

• 选择对象：使用对象选择方法

AutoCAD 将列出对象类型、对象图层、相对于当前用户坐标系 (UCS) 的 X、Y、Z 位置以及对象是位于模型空间还是图纸空间。

19．ltscale 设置全局线型比例因子

用途：更改用于图形中所有对象的线型比例因子。修改线型的比例因子将导致重生成图形。

操作：命令输入："ltscale"

输入新线型比例因子 <当前>：输入正实数或按 ENTER 键

20．matchprop 将选定对象的特性应用到其他对象

操作：菜单【修改】/【特性匹配】

或命令输入："matchprop"，简写"ma"

或使用工具栏："标准"工具栏，"特性匹配"

- 选择源对象：选择要复制其特性的对象
- 当前活动设置：当前选定的特性匹配设置
- 选择目标对象或［设置 (S)］：输入 s、选择一个或多个要为其复制特性的对象

21．mirror 创建对象的镜像图像副本
操作：菜单【修改】/【镜像】
或命令输入："mirror"，简写"mi"
或使用面板："修改"面板，"镜像"
选择对象：使用对象选择方法，并按 ENTER 键结束命令
指定镜像线的第一点：指定点 (1)
指定镜像线的第二点：指定点 (2)
是否删除源对象？［是 (Y)/否 (N)］< 否 >：输入 y 或 n，或按 ENTER 键

22．mline 创建多条平行线
操作：菜单【绘图】/【多线】
或命令输入："mline"，简写"ml"
或使用面板："绘图"面板，"多线段"
当前设置：对正 = 当前对正方式，比例 = 当前比例值，样式 = 当前样式
指定起点或［对正 (J)/比例 (S)/样式 (ST)］：指定点或输入选项

23．move 在指定方向上按指定距离移动对象
操作：菜单【修改】/【移动】
或命令输入："move"，简写"m"
或使用工具栏："修改"工具栏，"移动"
选择对象：使用对象选择方法并在结束命令时按 ENTER 键
指定基点或位移：指定基点 (1)
指定位移的第二点或 < 使用第一点作为位移 >：指定点 (2) 或按 ENTER 键

24．mtext 创建多行文字
操作：菜单【绘图】/【文字】/【多行文字】
或命令输入："mtext"，简写"mt"
或使用工具栏："绘图"工具栏，"多行文字"
指定第一角点：
指定对角点或［高度 (H)/对正 (J)/行距 (L)/旋转 (R)/样式 (S)/宽度 (W)］

25．offset 创建同心圆、平行线和平行曲线

用途：在距现有对象指定的距离处或通过指定点创建新对象。

操作：菜单【修改】／【偏移】

或命令输入："offset"，简写"o"

或使用工具栏："修改"工具栏，"偏移"

指定偏移距离或 [通过 (T)]＜当前值＞：指定距离、输入 t 或按 ENTER 键

26．options 自定义设置

操作：菜单【工具】／【选项】

或命令输入："options"

或快捷菜单：在命令窗口中单击右键，或者（在未运行任何命令也未选择任何对象的情况下）在绘图区域中单击右键，然后选择"选项"。

27．osnap 设置执行对象捕捉模式

用途：在对象上的精确位置指定捕捉点

操作：菜单【工具】／【草图设置】

或命令输入："osnap"，简写"on"

或使用工具栏："对象捕捉"工具栏，"对象捕捉设置"

或快捷菜单：在绘图区域中单击右键，同时按 SHIFT 键，然后选择"对象捕捉设置"。

显示"草图设置"对话框的"对象捕捉"选项卡。

28．pan 在当前视口中移动视图

操作：菜单【视图】／【平移】／【实时】

或命令输入："pan"，简写"p"

或使用工具栏："标准"工具栏，"实时平移"

或快捷菜单：不选定任何对象，在绘图区域单击右键然后选择"平移"。

AutoCAD 将显示用户可以实时平移图形显示的提示：按 Esc 或 Enter 键退出，或单击右键显示快捷菜单。

29．pedit 编辑多段线和三维多边形网格

操作：菜单【修改】／【对象】／【多段线】

或命令输入："pedit"，简写"pe"

或使用工具栏："修改 Ⅱ"工具栏，"多段线"

或使用快捷菜单：选择要编辑的多段线，在绘图区域单击右键，然后选择"编辑多段线"。

选择多段线或 [多选 (M)]：使用对象选择方法或输入m

选定的对象不是多段线。

是否将其转换为多段线？ ＜Y＞：输入 y 或 n 或按 ENTER 键

30．pline 创建二维多段线

操作：菜单【绘图】/【多段线】

或命令输入："pline"，简写"pl"

或使用工具栏："绘图"工具栏，"多段线"

指定起点：指定点（1）

当前线宽为＜当前值＞

指定下一个点或［圆弧（A）/闭合（C）/半宽（H）/长度（L）/放弃（U）/宽度（W）］：指定点（2）或输入选项

- 下一点：绘制一条直线段。AutoCAD 重复上一个提示。
- 圆弧：将弧线段添加到多段线中。
- 闭合：绘制一条直线段（从当前位置到多段线起点）以闭合多段线。
- 半宽：指定从宽多段线线段的中心到其一边的宽度。
- 长度：在与前一线段相同的角度方向上绘制指定长度的直线段。
- 放弃：删除最近一次添加到多段线上的直线段。
- 宽度：指定下一条直线段的宽度。

31．plot：将图形打印到绘图仪、打印机或文件

操作：菜单【文件】/【打印】

或命令输入："plot"

或使用工具栏："标准"工具栏，"打印"

显示"打印"对话框。单击"确定"，开始按当前设置打印。

- 页面设置：列出图形中已命名或已保存的页面设置。
- 打印机/绘图仪：指定打印布局时使用已配置的打印设备。
- 图纸尺寸：显示所选打印设备可用的标准图纸尺寸。
- 打印区域：指定要打印的图形部分。
- 打印比例：控制图形单位与打印单位之间的相对尺寸。
- 预览：按执行 PREVIEW 命令时在图纸上打印的方式显示图形。

32．polygon 创建闭合的等边多段线

操作：菜单【绘图】/【正多边形】

或命令输入："polygon"，简写"pol"

或使用工具栏："绘图"工具栏，"正多边形"

输入边数＜当前值＞：输入 3 到 1024 之间的值或按 ENTER 键

指定正多边形的中心点或［边］：指定点（1）或输入 e

33．purge 删除图形中未使用的命名项目，例如块定义和图层

操作：菜单【文件】/【绘图实用程序】/【清理】

或命令输入："purge"

显示"清理"对话框。

• 查看能清理的项目：切换树状图以显示当前图形中可以清理的命名对象的概要。

图形中未使用的项目：列出当前图形中未使用的、可被清理的命名对象。

确认要清理的每个项目：清理项目时显示“确认清理”对话框。

清理嵌套项目：从图形中删除所有未使用的命名对象。

• 查看不能清理的项目：切换树状图以显示当前图形中不能清理的命名对象的概要。

图形中当前使用的项目：列出不能从图形中删除的命名对象。

34．rectang 绘制矩形多段线

操作：菜单【绘图】/【矩形】

或命令输入：“rectang”，简写“rec”

或使用工具栏：“绘图”工具栏，“矩形”

指定第一个角点或 [倒角 (C)/标高 (E)/圆角 (F)/厚度 (T)/宽度 (W)]：输入选项或指定点

35．regen 从当前视口重生成整个图形

用途：在当前视口中重生成整个图形，并重新计算所有对象的屏幕坐标。还重新创建图形数据库索引，从而优化显示和对象选择的性能。

操作：菜单【视图】/【重生成】

或命令输入：“regen”，简写“re”

36．revcloud 创建由连续圆弧组成的多段线以构成云线形

操作：菜单【绘图】/【修订云线】

或命令输入：“revcloud”

或使用工具栏：“绘图”工具栏，“修订云线”

最小弧长：0.5000　　最大弧长：0.5000

指定起点或 [弧长 (A)/对象 (O)/样式 (S)] <对象>：拖动以绘制云线，输入选项或按 ENTER 键

沿云线路径引导十字光标

云线完成

37．scale 在 X、Y 和 Z 方向按比例放大或缩小对象

操作：菜单【修改】/【缩放】

或命令输入：“scale”，简写“sc”

或使用工具栏：“修改”工具栏，“缩放”

快捷菜单：选择要缩放的对象，然后在绘图区域中单击右键并选择“缩放”

选择对象：使用对象选择方法并在完成时按 ENTER 键

指定基点：指定点 (1)

指定比例因子或［参照 (R)］：指定一个比例或输入 r

38．scaletext 增大或缩小选定文字对象而不改变其位置

操作：菜单【修改】／【对象】／【文字】／【比例】

或命令输入："scaletext"

选择对象：使用对象选择方法，并在完成时按 ENTER 键

输入缩放的基点选项［现有 (E)／对齐 (A)／调整 (F)／中心 (C)／中间 (M)／右 (R)／左上 (TL)／中上 (TC)／右上 (TR)／左中 (ML)／正中 (MC)／右中 (MR)／左下 (BL)／中下 (BC)／右下 (BR)]<现有>：指定一个位置作为缩放基点

指定文字高度或［匹配对象 (M)／比例因子 (S)］<0.5000>：指定文字高度或输入选项

39．spline 创建非一致有理 B 样条曲线

用途：在指定的允差范围内把光滑的曲线拟合成一系列的点。

操作：菜单【绘图】／【样条曲线】

或命令输入："spline"，简写 "spl"

或使用工具栏："绘图" 工具栏，"样条曲线"

指定第一个点或［对象 (O)］：指定一点或输入

40．stretch 移动或拉伸对象

操作：菜单【修改】／【拉伸】

或命令输入："stretch"，简写 "s"

或使用工具栏："修改" 工具栏，"拉伸"

以交叉窗口或交叉多边形选择要拉伸的对象

选择对象：使用圈交或交叉对象选择方法，并在完成时按 ENTER 键

指定基点或位移：指定点或按 ENTER 键

指定位移的第二个点：指定点或按 ENTER 键

41．style 创建、修改或设置命名文字样式

操作：菜单【格式】／【文字样式】

或命令输入："style"，简写 "st"

或使用工具栏："文字" 工具栏，"文字样式"

创建、修改或设置命名文字样式。

• 样式名：显示文字样式名、添加新样式以及重命名和删除现有样式。列表中包括已定义的样式名并默认显示当前样式。要更改当前样式，请从列表中选择另一种样式，或选择 "新建" 以创建新样式。

• 字体：更改样式的字体。

• 效果：修改字体的特性，例如高度、宽度比例、倾斜角以及是否颠

倒显示、反向或垂直对齐。

42. text 创建单行文字对象

用途：使用 TEXT 可以输入多行文字，并可旋转、对正和调整大小。

操作：菜单【文字】／【单行文字】

或命令输入："text"

当前文字样式：当前文字高度

指定文字的起点或［对正 (J)／样式 (S)］：指定点或输入选项

43. textscr 打开文本窗口

用途：在独立的窗口中显示命令行

操作：菜单【视图】／【显示】／【文本窗口】

或命令输入："textscr"

或按 F2 键可在绘图区域和文本窗口之间进行切换

44. trim 按其他对象定义的剪切边修剪对象

操作：菜单【修改】／【修剪】

或命令输入："trim"，简写 "tr"

或使用工具栏："修改" 工具栏，"修剪"

当前设置：投影 = 当前　边 = 当前

选择剪切边

选择对象：选择一个或多个对象并按 ENTER 键，或按 ENTER 键选择全部对象（隐含选项）

选择要修剪的对象，按住 Shift 键选择要延伸的对象，或［投影 (P)／边 (E)／放弃 (U)］：选择修剪对象，按 SHIFT 键并选择延伸对象，或输入选项

45. u 放弃最近一次操作

用途：可以输入任意次 u，每次后退一步，直到图形与当前编辑任务开始时一样为止。

操作：命令输入："u"

或快捷菜单：无命令运行和无对象选定的情况下，在绘图区域单击右键，然后单击 "放弃"。

46. ucs 管理用户坐标系

用途：用户坐标系（UCS）是用于坐标输入、平面操作和查看的一种可移动坐标系。

操作：菜单【工具】／【新建 UCS】

或命令输入："UCS"

或使用工具栏："UCS" 工具栏

输入选项 [新建 (N) / 移动 (M) / 正交 (G) / 上一个 (P) / 恢复 (R) / 保存 (S) / 删除 (D) / 应用 (A) /?/ 世界 (W)] ＜世界＞：

• 新建：有六种方法定义新坐标系。

指定新 UCS 的原点或 [Z 轴 (ZA) / 三点 (3) / 对象 (OB) / 面 (F) / 视图 (V) / X / Y / Z] ＜0,0,0＞：

• 移动：通过平移当前 UCS 的原点或修改其 Z 轴深度来重新定义 UCS，但保留其 XY 平面的方向不变。修改 Z 向深度将使 UCS 相对于当前原点沿自身 Z 轴正方向或负方向移动。

指定新原点或 [Z 向深度 (Z)] ＜0,0,0＞：指定点或输入 z

指定 Z 向深度 ＜0＞：输入距离或按 ENTER 键

• 正交：指定 AutoCAD 提供的六个正交 UCS 之一。这些 UCS 设置通常用于查看和编辑三维模型。

输入选项 [俯视 (T) / 仰视 (B) / 主视 (F) / 后视 (BA) / 左视 (L) / 右视 (R)] ＜当前＞：输入选项或按 ENTER 键

• 上一个：恢复上一个 UCS。

• 恢复：恢复已保存的 UCS 使它成为当前 UCS。

输入要恢复的 UCS 名称或 [?]：输入名称或输入 ?

输入要列出的 UCS 名称 ＜*＞：输入名称列表或按 ENTER 键列出所有 UCS

• 恢复：恢复已保存的 UCS 使它成为当前 UCS。恢复已保存的 UCS 并不重新建立在保存 UCS 时生效的观察方向。

输入要恢复的 UCS 名称或 [?]：输入名称或输入 ?

输入要列出的 UCS 名称 ＜*＞：输入名称列表或按 ENTER 键列出所有 UCS

47．undo 撤消命令的效果

用途：放弃上一步操作。

操作：命令输入："UNDO"

或使用工具栏："UNDO"工具栏

输入要放弃的操作数目或 [自动 (A) / 控制 (C) / 开始 (BE) / 结束 (E) / 标记 (M) / 后退 (B)]：输入一个正数、输入一个选项或按 ENTER 键放弃一个操作

48．units 控制坐标和角度的显示格式和精度

操作：菜单【格式】/【单位】

或命令输入："units"，简写"un"

显示"图形单位"对话框。

• 长度：指定测量的当前单位及当前单位的精度。

• 角度：指定当前角度格式和当前角度显示的精度。

• 拖放比例：控制使用工具选项板，拖入当前图形的块的测量单位。

49. wblock 将对象或块写入新图形文件

用途：将对象保存到文件或将块转换为文件。

操作：命令输入："wblock"，简写"w"

显示"写块"对话框。

• 源：指定块和对象，将其保存为文件并指定插入点。

• 基点：指定块的基点。默认值是（0,0,0）。

• "选择对象"按钮：临时关闭该对话框以便可以选择一个或多个对象以保存至文件。

• 目标：指定文件的新名称和新位置以及插入块时所用的测量单位。

50. zoom 放大或缩小显示当前视口中对象的外观尺寸

操作：菜单【视图】/【缩放】

或命令输入："zoom"，简写"z"

或使用工具栏："标准"工具栏，"实时缩放"

快捷菜单：没有选定对象时，在绘图区域单击右键并选择"缩放"选项进行实时缩放。

指定窗口角点，输入比例因子（nX 或 nXP），或 [全部 (A)/中心 (C)/动态 (D)/范围 (E)/上一个 (P)/比例 (S)/窗口 (W)/对象 (O)] <实时>：

• 全部：在当前视口中缩放显示整个图形。

• 中心：缩放显示由中心 点和放大比例（或高度）所定义的窗口。

指定中心点：指定点（1）

输入比例或高度 <当前值>：输入值或按 ENTER 键

• 动态：缩放显示在视图框中的部分图形。

• 范围：缩放以显示图形范围并使所有对象最大显示。

• 上一个：缩放显示上一个视图。最多可恢复此前的十个视图。

• 比例：以指定的比例因子缩放显示。

输入比例因子（nX 或 nXP）：指定值。输入的值后面跟着 x，根据当前视图指定比例；输入值并后跟 xp，指定相对于图纸空间单位的比例。

• 窗口：缩放显示由两个角点定义的矩形窗口 框定的区域。

指定第一个角点：指定点（1）

指定对角点：指定点（2）

• 对象：缩放以便尽可能大地显示一个或多个选定的对象并使其位于绘图区域的中心。

• 实时：利用定点设备，在逻辑范围内交互缩放。